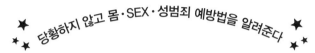

당황하지 않고 몸·SEX·성범죄 예방법을 알려준다

# 집에서 성교육
## 시작합니다

후쿠치 마미·무라세 유키히로 지음
왕언경 옮김

이아소

아이들에게
나쁜 짓을 하는 사람이
있다는 얘기나

몸을 방어할 방법 같은 걸
알려주고 싶은데

호신용
경보기?

호신술?

솔직히
매번
귀가할 때까지
조마조마해요~

안심이
안 돼!!

불안

딸들이
초등학생이
되고부터
자매끼리
밖으로 나가
놀다 보니

편집자 유리
아들 5세(어린이집)

엄마는
사내아이가
참…

살금

어떻게
하지~

뭐라고
얘기해줘야
좋을지
잘 모르겠네

그렇다고
이대로
둘 수도…

겁주고
싶지는
않고

서서
소변보는 건
남편에게 물어서
어찌어찌
넘겨왔는데

목욕할 때
고추는
어떻게
씻어줘야
할지

신체
구조도
낯설고
…

하는
짓마다
이해 불가

꺄악─
쿠─웅
또─웅

옷
입
자

어린이집에서 몇 번이나
바지에 오줌을 적셔왔다

003

【차 례】

# 3장 아이와 부모가 함께 배우는 남자아이의 몸과 마음

# 4장 아이와 부모가 함께 배우는 여자아이의 몸과 마음

# 【 들어가며 】

이 책을 봐주시는 독자님들에게 감사의 마음을 전합니다.

'성교육'이라고 하면 특히 사춘기에 접어들어 몸과 마음의 변화를 느끼기 시작한 자녀와 부모를 위한 내용이 많습니다. 이 책은 4~11세의 자녀를 둔 가족을 대상으로 유아기부터 아이에게 어떻게 말을 하고, 대해야 하는지 그 방법을 구체적으로 알려드리는 데 중점을 두었습니다.

지금은 유아기부터 인터넷을 친숙하게 접하고, 성 정보에도 너무나 쉽고 빠르게 연결되는 시대입니다. 또한 아이가 성적 대상이 되는 사건 사고도 많아서, 자녀를 양육하는 엄마 아빠는 그저 아이가 '피해자도 가해자도 되지 않기를' 바라는 막연한 불안감으로 애를 태웁니다. 그러면서 성에 대해 제대로 배운 기억이 없고 심지어 '성에 대해 입에 담는 것도 부끄럽다…'는 생각을 가지고 있습니다.

이 책은 '성교육'의 입문서라 '초경', '월경'을 일상 대화에서 쓰는 '생리'로, '남성 성기', '음경', '페니스'는 '고추'라는 표현을 쓰고 있습니다. 올바른 지식을 축적하고 가족이 함께 '마음과 몸'에 대한 대화를 충분히 나누면서, 성장에 맞춰 점차 정식 명칭을 사용하시길 추천합니다.

# 1장

## 집에서 성교육을
## 시작해야 하는 이유

# 학교에서는 제대로 배우지 못한다

016

그래요!?

헛

전혀 몰랐네

적극적으로 대처하고 있어요

예를 들면 중국 등 아시아권 에서도

의학계에서는 인터넷을 통해 포르노를 처음 접하는 연령대를 8~10세로 보고 있습니다

8~10세?

진짜?

전 세계적으로 포르노 산업이 팽창하고 있고 휴대전화, 태블릿을 통해 접근이 한층 용이해졌죠

이런 오해가 생겨서

필요성조차 이해하지 못하는 것이 현실입니다

성교육 = 포르노·섹스

오해입니다!!

하지만 학교에서 성교육이 충분히 이루어지지 않으니…

## '자존감이 높은 사람'으로 성장한다

살아갈 자신감
강인함과 부드러움을 갖는다

또 한 가지는
자신의
성과 몸을
긍정적으로
받아들이며…

어릴 때 배우면
행복한 인간관계를
쌓아가는
힘의 토대가
된다

자존감이
높은 사람은
본인뿐 아니라
상대도 존중하기
때문에

네에

성교육으로
자존감까지
긍정적!?

그렇습니다

알고
싶어!!

그렇다면
애한테
가르쳐야지!!

완전
좋은
거네!!

오오~

자존감이
높아진다…!?

성적 갈등을
피하거나
대처할 수 있고
나아가

흐음…

# 시대에 뒤처진
# 학교 성교육의 현실

## 학교 성교육의 실태

한국의 성교육은 2007년 학교보건법 개정으로 보건교사에 의한 체계적인 보건 교육이 의무화되었지만, 성교육을 담당하는 보건교사에 대한 지원이 부족한 데다 학년당 15시간의 성교육 시수를 확보하기 어려워 형식적인 교육에 머무르고 있는 것이 현실이다. 2015년에 교육부에서 새롭게 개정한 학교 성교육 표준안 역시 왜곡된 성 인식과 잘못된 성폭력 대처법 등 여전히 시대에 뒤떨어진 내용과 교육 방식으로 학교 교육 현장과 인권 단체로부터 문제점으로 지적받고 있다.

그렇기 때문에 학교에서 실시하는 성교육의 효과가 미미하다는 부정적인 여론이 높다. 2019년 2월 여성가족부가 전국의 청소년 1만6,500명을 대상으로 한 조사에서 학교의 성교육이 도움이 되지 않는 이유를 조사한 결과 '성교육 내용이 항상 똑같다', '교재가 재미없다' 등의 대답이 높게 집계되었다. 주변 환경과 학생들의 눈높이는 하루가 다르게 높아지는 데 반해 교육 현실이 발맞추지 못하고 있는 실정이다.

또한 성교육이 실질적이고 체계적인 성 지식을 갖추지 못한 채 어른의 가치관에 기반해 금욕주의를 강요하는 내용으로, 오히려 성에 대해 부정적이고 왜곡된 관념을 주입하기도 한다.

## 세계의 교과서, 세계의 성교육

인간의 역사는 '성'에 의해 만들어졌다. 또한 성의 연계로 사회가 생성되고, 문화가 발전했다. 이런 사실을 과학적, 생물학적으로 명확히 전달하고, 아이들에게 알려주는 것이 성 교과서다.

프랑스에서는 과학이나 생물 교과서를 통해 성에 대해 전면적으로 가르치고 있고, 장래에 필요한 공통 기초 지식이나 성 행동에 대해서도 제대로 습득하도록 교육한다. 네덜란드에서는 생물 학습 과정에서 수태조절(피임)에 대해 상세히 배우고, 책임 있는 관계 형성과 성폭력에 대해 생각하는 시간도 마련하고 있다. 그 외 많은 국가에서 학교 교육이 이뤄지는 전 학년 과정에서 성 지식·의식을 함양하도록 노력한다.

또한 근래 유네스코나 유니세프, WHO 등에서는 세계적인 성교육 전문가와 협력해 성을 인권 개념으로 과학적인 성교육 가이드북(지도·조언이 담긴)을 만드는 등 국제적인 성교육 개혁을 추진하고 있다.

제 2 화
## 성교육 시작하기에 가장 좋은 나이

성교육 시작하는 법

반드시 가르칠 것들

남자아이 편

여자아이 편

가장 궁금한 Q&A

부모를 위한 성

'학교에서 가르쳐주겠지'

'저절로 알게 되지 않을까?'

'우리 아이는 아직 일러'

방금 여러분이 말씀을 하셨지만

그걸 가르쳐주길 바랐는데!!

그런가요?

상세한 수정의 원리나 성교에 대해서는 다루지 않는다

학교에서 생리나 사정은 가르쳐주지만

학교 성교육의 현실은

✕ 수정의 원리 성교

〇 월경 사정

그런데 그 친구나 교제 상대가 가진 성 지식의 출처라는 것이…

대부분의 아이는 '친구'나 '교제 상대'에게 얻는다

정답

친구들이었나…

으~음 제 경우는

이런 상황에서 아이들이 어디서 지식을 얻고 있다고 생각하나요?

여러분은

초·중학생 시절 성에 관심이 없었나요?

맞아 초등학생 때부터

여자들도 흥미진진한 관심사였죠

엄청 많았죠

'잠든 아이를 깨우지 말라'는 말을 하지만

이런 우려에 대해서도 흔히

'알고 나면 호기심이 생겨 행동으로 옮기려 한다'

그러니

올바른 지식이 없는 상태에서 성행위에 대한 호기심만 커지는 것이야말로

정말 위험한 일이 아닐까요

으— 무방비!!

어른이 된 느낌?

궁금해!!

기분이 좋아지나 봐

그렇군

애들이 잠자는 것은 아니구나…

초·중학생 이라도…

성을 알게 되면 너무 일찍 행동으로 옮기지 않을까 걱정하지만…

실제로 성교육에 힘을 쏟고 있는 네덜란드 에서는

15세까지는 성 경험률이 낮다

성교육은 의무 입니다!!

네덜란드

배우니까 오히려 신중해지는 건가

올바른
성 지식은
아이가
행복하게
살기 위해
필요하다

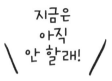

지금은
아직
안 할래!

리스크까지 포함해서
정확히 알아야

'하지 않는다'는
선택도 스스로 판단,
주장할 수
있다

겁을 줘서
억누르는
것은

비교육적이라고
생각해요

임신이라도
하면
어쩌려고?

아이한테는
아직
일러

게다가
'어리니까'라는
이유만으로
안 된다고
못 박거나

그리고
이것은…

그렇게
생각하는
것이
당연한
거예요

'부끄럽다'

'사실 부모도 잘 모른다'

'무엇을 가르쳐야 할까?'

# '공포심'은 건강한 성 행동의 큰 장애물

## 아이의 행복한 인생을 위한 '성'

아이가 현재 그리고 앞으로 행복한 인생을 살아가려면 부모가 무엇을 해야 할까. 누구나 고민하는 일이다. 많은 부모가 이를 위해 아이에게 감시의 눈을 번득이며 행동을 속박하는 방법에 쉽게 빠진다. 그러나 중고생쯤 되면 온종일 감시하는 것은 불가능하므로 이제는 말로 아이의 행동을 억제하려고 한다. 이때 흔하게 사용하는 것이 예기치 않은 임신과 그 결과로 발생하는 인공임신중절 그리고 성 감염증에 대한 공포다. 즉 성에 대해 부정적 이미지를 강하게 주입시켜 접근하지 못하게 하는 것이다. 임신중절수술을 '죄'인 양 언급하거나, 성 감염증을 '죽음'과 결부시킴으로써 성행위를 '나쁜 행동'으로 인식시킨다. 이런 태도는 성에 대한 밝고 유연한 사고를 애초에 제거해버릴 수 있다. 분명 예기치 않은 임신이나 중절 수술, 성 감염증은 바람직한 결과가 아니며, 가능하면 일어나지 않기를 바란다. 하지만 그런 일은 예방할 수 있고, 그 방법 또한 실제로 많이 개발되어 있다. 게다가 중절 수술도 조건에 따라 합법이며, '슬프지만 필요한 일'로 인정받고 있다. 성 감염증 역시 조기 발견으로 치료 가능한 것도 있고, 완치는 어렵지만 약을 꾸준히 복용하면 예전과 같은 일상생활을 유지할 수 있다.

거듭 말하지만 누구나 성 트러블과 무관하게 인생을 살고 싶을 것이다. 이를 위해 공포·죄·절망·죽음과 연관한 '겁주기'는 결코 현명한 방책이 아니다. 이 같은 문제가 왜 일어나는지, 어떻게 하면 예방할 수 있는지, 혹시 만에 하나라도 실패했을 때 어떻게 하면 좋은지 등을 확실히 알아야 하며, 상대와 관계 형성이 매우 중요하다. 여기에 '공포'는 큰 장애물일 뿐이다.

행복한 인생을 위해 '성'에 대해 사실대로 제대로 배워야 하며, 상대와는 말을 통해 분명하게 소통할 수 있어야 한다. 겁주는 표현은 단지 아이에 대한 불신감, 성에 대한 혐오감의 표출일 뿐이다.

**'성에 대한 무지·몰이해는 무모한 성 행동을 낳는다.**
**올바른 성 학습은 신중한 성 행동, 행복해지는 성 행동으로 이어진다.'**

이것이 오랜 기간 성교육에 몸담아온 사람들이 공통으로 하는 말이다.

**2장**

# 집에서 반드시 가르쳐야 하는 3가지

# 만지면 안 되는 중요 신체 부위

성교육 시작하는 법

반드시 가르칠 것들

남자아이 편

여자아이 편

가장 궁금한 Q&A

부모를 위한 성

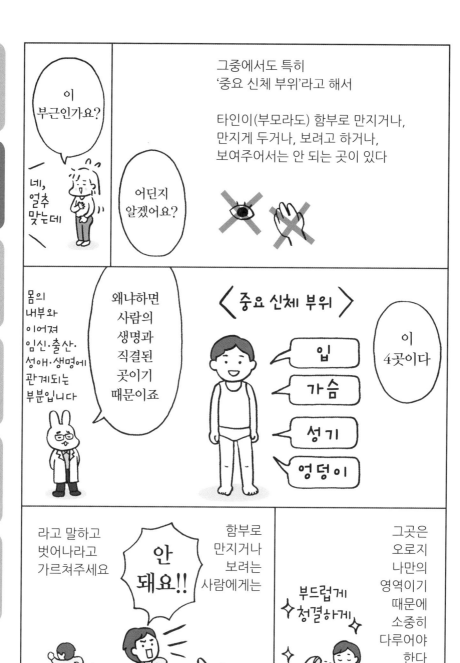

가르치는 것이 될 수 있겠죠

중요 신체 부위를 함부로 보거나 만지는 것이 자칫 '좋다'는 표현이라고

부모도 함부로 만지지 않는다!!

주―욱

아이의 중요 신체 부위

이런 건 부모가 의식적으로 선을 그어놓지 않으면

보세요

이것은 안 좋은 행동이에요!!

그 자리에서 남자아이에게 주의를 주고 딸에게 함께 얘기해주셨던 모양이에요

이걸 목격한 선생님이

앗

잡았다

남자아이가 딸의 치마를 들췄는데

힝

풀러덩

앗

그러고 보니 우리 딸이 초 1 때

라고 알려주더군요

네가 좋다고 한 행동이라도 잘못이야

딸에게도

아내는 몇 번이나 그 교사의 대처가 고맙다고 말하면서

하고 내심 생각했는데

그 얘기를 듣고 저는 '그 남자애가 우리 딸을 좋아하는 건가~?'

네

치마 들추기는

너무 고마워!!

초등 남자애들이 그렇지 뭐~

알지~

상상 이상으로 심각한 굴욕감과 열등감을 안겨준다

게다가 중요 신체 부위에 가해지는 강제적이고 부당한 침입이나 공격은

10대에 만원 전철에서 몇 번인가 치한을 만난 적이 있는데

뭔지… 알 것 같아요

그만큼 깊은 상처를 줍니다

그 증거로 성적 괴롭힘이 자살로 이어지는 경우가 적지 않다

장난이었다는 식으로 핑계가 안 되는 범죄예요

오히려 오랜 세월 가볍게 취급됐다는 게 말도 안 되죠

…치한도 이제는 범죄로 중히 처벌받잖아요

가슴이 두근거리고 식은땀이 나요

그 후로는 이 나이가 돼서도 아직까지 만원 전철이 두려워요

콩닥 콩닥 콩닥

# 성적 괴롭힘,
# 가볍게 넘기지 말자

## 장난처럼 보이지만 실은 심각한 괴롭힘

치마 들추기나 바지 내리기, 의사 놀이나 똥침 같은 장난은 옛날부터 해온 거라며 대수롭지 않게 생각하는 사람도 있을 것이다. 그러나 이것은 성별에 관계없이 '성적 괴롭힘', 일종의 성폭력이다. 아이가 피해자나 가해자가 되지 않도록 어른들이 간과하지 말아야 한다. 이 같은 행동이 상대의 인권을 침해하고 심각한 마음의 상처를 줄 수 있음을 분명히 가르친다.

아이가 '그냥 장난이야', '○○도 웃었는데'라고 하더라도, 성이나 성기는 인권이며 소중히 다뤄야 한다는 개념을 알려주어야 한다. 놀이라고 해도 상대를 공격하거나 바보 취급하듯 말하는 것은 인간으로서 부끄러운 일이며, 힘 있는 사람이 약한 사람을 농락하는 비겁한 행동이라는 내용을 차근차근 설명한다. 심각성을 자각하기 힘든 시기이므로 어른이 확실히 알려줄 필요가 있다.

싫어도 말을 주저하는 아이에게는 '부끄러웠지', '싫은 건 싫다고 해도 돼', '도망쳐도 괜찮아'와 같은 말을 건네며, 피해를 입은 아이의 마음을 어루만져준다.

# 성범죄 방지를 위해 꼭 기억해야 할 'NO·GO·TELL'

성교육 시작하는 법

반드시 가르칠 것들

남자아이 편

여자아이 편

가장 궁금한 Q & A

부모를 위한 성

성추행·추파

- 공포
- 불안
- 아프다
- 화가 난다
- 분하다

이런 추파나 성추행을 당하면…

중요 신체 부위는 물론 몸의 어느 부위든

아이에게 자신의 몸을 지키는 방법을 알려줄 때는

그렇습니다

[GO] ②도망칠 것

가능한 한 사람이 많은 곳으로

[NO] ①분명하게 거부하고

거부의 말

싫어요!! 안 돼요!! 하지 마세요!! 도와주세요!!

이 3가지는 평소에 반복해서 가르칩니다

[TELL]

비밀이라고 말하지 말랬는데

이건 비밀이니까 말하면 큰일 난다

③만약 '비밀이야'라고 했어도 신뢰할 수 있는 어른에게 말할 것

NO GO TELL

무례한 것 같아서 NO라고 말하기가…

하지만 어른도 말 못할 때가 많은걸요

어색해지지 않을까… 싶고

사람으로서 당연한 권리라는 걸 가르쳤으면 합니다

맞아요!!

불쾌한 일이나 꺼리는 마음도 존중받아야 하는구나!!

그… 그렇군

NO의 감정을 참지 않는 것도 성범죄 예방이 되는구나!!

그렇구나

자기를 지키는 센서가 작동하지 않는다

그러다 보면

무심코 눈치를 보고 마음의 갈등을 억누르기 쉽지만

그렇지요

잘 모르겠다…

어라? 위험한 건가?

우리도 아이들과 함께 달라져야겠어요

자신과 타인을 존중하는 인간으로 성장한다

사람은 'NO'라는 감정을 전달하거나 수용하는 경험을 반복하면서

의견이 다른 상대도 존중할 수 있다

무례함과는 다르지요

자신의 느낌을 소중히 여기게 된다

# 성범죄로부터 아이를 지키는 방법

## 부모뿐 아니라, 사회도 눈을 크게 뜨고 지켜본다

기사에도 자주 언급되듯 아동 성범죄, 성 학대의 가해자는 '모르는 사람', '이상한 사람'이 아니라, '아는 사람', '본 적 있는 사람', '친절해 보이는 사람'이 많다. 현실적으로 '모르는 사람을 따라가지 말라'는 말만으로는 부족하다. 하지만 물론 아는 어른 모두가 나쁜 사람이고 의심해야 하는 것은 아니므로 '공원에서 자주 보던 사람이 과자를 준다', '차를 타고 지나가는 남자가 좋은 장난감이 있다고 말한다'와 같이 아이가 쉽게 경계심을 풀 만한 구체적 상황에서 어떻게 대처하면 좋을지 평소에 얘기해두는 것이 중요하다. 크게 소리를 지른다, 그 자리에서 즉시 도망쳐 벗어난다, 부모님께 전화한다, "앗, 경찰관 아저씨"라고 거짓말을 한다 등이다. 아이의 연령이나 성격에 맞춰 효과적인 말을 생각해내거나 행동할 수 있도록 한다. 부모나 주변에 있는 어른도 '조금 수상하다'고 느껴지거나, 어떤 형태로든 아이에게 접근하려드는 사람이 있으면 일단 신고하고 경찰에게 도움을 청한다.

가해자는 아이의 관심을 끌 만한 이야기나 물건을 잘 알고 유혹한다. 평소 아이들이 어떤 것에 흥미가 있는지, 갖고 싶은 것이 무엇인지 등을 파악해두자.

아이가 혼자 있을 때 슬며시 다가가 마음을 열게 만드는 가해자도 있다. 아이의 표정이나 차림새뿐 아니라, 외부 놀이터 환경도 잘 살펴볼 필요가 있다.

# 무엇이든 의논하는 부모·자녀 사이가 되려면

우리 애한테 들었는데, 괜찮아요?

덜컥

딸 본인이 아닌 다른 학부모한테 들은 거예요

지난해 딸이 같은 반 아이한테

큰 키 때문에 놀림을 당한 모양인데

기린—꺽다리~

근데 그 이야기를

공감해요!!

알고 싶네요!!

어떻게 하면 아이가 편하게 마음을 털어놓는 관계가 될는지…

성 이야기 같은 것도

할수있는

제대로 나한테 얘기해줄 수 있을지 싶어서…

앞으로도 만약 무슨 일이 있을 때

그 일이 너무 충격적이라

애정…

'애정' 이오?

욱 또 애정인 건가

고민 상담이나 성 이야기도 가능한 관계가 됩니다

우선 아이가 부모에게 '사랑받고 있다'고 느끼면

아아

그건 말이죠

044

성교육 시작하는 법

반드시 가르칠 것들

남자아이 편

여자아이 편

가장 궁금한 Q&A

부모를 위한 성

뜬구름처럼 막막하고 구체적인 방법을 잘 모르겠어요

게다가 '애정을 주라'니

자주 듣긴 하지만

흠

라는 말을 듣다 보니 '애정'이란 말 자체가 트라우마

애정 결핍 아니에요?

딸이 어릴 때 육아 상담을 받으면

이 2가지가 필요하다

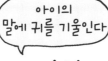
아이의 말에 귀를 기울인다

**리스닝**

말을 가로막지 말고 귀를 기울인다 (얼굴을 보고)

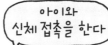
아이와 신체 접촉을 한다

**스킨십**

사랑스럽게 쓰다듬고, 안아주고, 손을 잡는다

부모의 사랑을 자녀에게 전달하려면

…

그럼 '애정 결핍'은 아닌 것 같군요

그 2가지는 충분히 하는데요!!

오

그러면 전달되는 건가요?

남자아이는 '응석받이로
키우면 안 돼'라는 생각에

스킨십에 소홀한
경향이 있는데

남자
잖아!!

안아줘ㅡ

부모님이 "응석받이에
나약한 아이가 된다"
…라고 하셔서

그런데…
남자아이가
그렇게
부모에게
들러붙어도
괜찮나요?

그 말을
들으니
마음이
놓이네요

다행이다!!
마음 놓고
스킨십을 할 수
있겠어~

장래 육아에
적극적으로
될 수도
있답니다

남자아이도
충분히
스킨십을 하면서
키워주세요

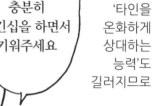

꼭!!

스킨십을
통해
'타인을
온화하게
상대하는
능력'도
길러지므로

마침
작은아이의
응석이 심해져
거기에
매달리다
보니

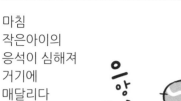

응앙

아이가
학교에서
일어난 일을
숨기던 때가

저…
그리고
보니

그 아이만을 위한 특별한 시간을 가지는 것이 좋습니다

비록 짧더라도

지금은 누나를 위한 시간~

한 아이에게 많은 시간을 할애할 수 없을 때는 특히…

따라서

뭔지 알겠어!! 이건 어른도 마찬가지인 듯!!

특별~

살짝

특별~

몰래

공평하게

살짝

특별~

물론 그래서 다른 형제가 보지 않는 곳에서 한 사람씩 특별하게 해준다

하지만 형제간에 편애는 좋지 않잖아요

다른 아이가 질투를 하니

그것도 특별 대우 시간이네요

네

'데이트'라고 하면서 한 명, 한 명씩 별도로 시간을 같이 보내더라고요

아이 셋 있는 친구가

아아

그… 그렇구나!!

어디 갈까?

뭐 먹고 싶어?

다른 아이는 아빠와 집 보기

050

성교육 시작하는 법

반드시 가르칠 것들

남자아이 편

여자아이 편

가장 궁금한 Q&A

부모를 위한 성

# 아이에게 중요한 것은 안도감과 신뢰감

## '살아 있어서 좋다!'는 생각이 아이의 인생을 충만하게 만든다

아이가 성인이 되어도 자신을 소중하게 생각하고, 좋아하는 상대, 동료, 친구 등 모든 주변 사람을 존중하는 인격체로 성장하기 위해서는 어릴 때 '내가 살아 있어 좋다!'는 안정감을 갖는 것이 매우 중요하다고 한다. 이 안도감은 아이가 신뢰하는 상대와 접촉하면서 옥시토신이라는 호르몬이 분비되어 고조된다고 알려져 있다. 부모가 꼭 안아준다든지, 쓰다듬으며 이야기를 들을 때는 물론, 좋아하는 헝겊 인형이나 수건을 껴안고 잠들 때도 얻을 수 있다. '응석 부리면 안 돼'라며 함께할 시간과 물건을 빼앗지 말고, 가급적 옥시토신이 분비되는 기회를 많이 만들도록 한다.

스킨십의 시간이 충분하면 아이가 타인과 원활하게 관계를 맺는 능력도 길러진다. 이렇게 본다면 가까운 사람과 접촉이 어려운 환경에서 자란 아이가 외로움으로 인해 성의 유혹에 쉽게 빠질 위험이 있다. 이처럼 성은 여자아이나 남자아이 모두에게 깊은 의미가 있다.

⬆어른의 눈에 '고작 이런 걸로 만족한다고!?'라고 여겨질 만한 물건도 아이에게는 '보물'일 수 있다. 세탁이나 수리가 필요한 경우는 얘기하고, 본인이 납득할 때까지 하지 말 것.

# 3장

## 아이와 부모가 함께 배우는
# 남자아이의 몸과 마음

# 아이에게 가르칠 때 주의할 점 【남녀 공통】

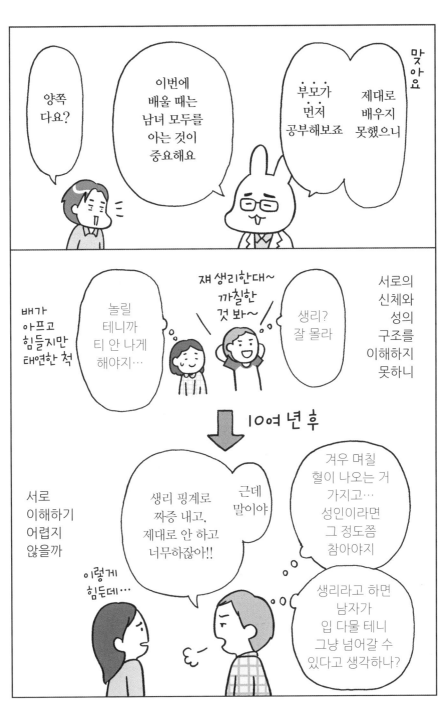

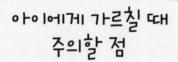

## 아이에게 가르칠 때 주의할 점

참고로

배운 것을 아이에게 알려줄 때 주의할 점이 있어요

① 담담하게 사실을 말한다

담담 담담

이런 구조로 되어 있단다

② 가치관을 강요하지 않는다

그러니까 소중히 해야 해!!

멋지지 않니

③ 아이가 관심을 보일 때 답해주는 것이 최상

알려줄 준비는 어릴 때부터 해둔다

언제든 물어봐!!

④ 어린 남매일 경우 본인들이 괜찮다면 동시에 알려주거나 답해줘도 좋다

서로의 몸을 아는 것이 중요해

⑤ 고학년 이상은 동성 부모가 알려준다

또는 그를 대신할 동성의 연장자

연상의 사촌이나 숙부·숙모 등

13세를 위한 몸과 마음 책

또는 어린이용 책을 읽게 한다

왜 동성 부모인가에 대해서는 나중에…

P80, P148로

당황한 적이 있었는데…

으음 뭐라고 대답해야 좋을까…

엄마는 왜 서서 쉬를 못해?

③ 아이가 관심을 보일 때…

그리고 보니 예전에 아들이

만약 즉시 대답이 떠오르지 않을 때는

그것도 나쁘진 않지만

타이밍을 놓쳤나 봐…

어물쩍 넘겨버렸어요 ~

글ㅡ쎄 왜일까~

엄마도 몰라?

그 대신 나중에 제대로 조사해서 대답해주세요

뭐라고 말해야 잘 알아들을까

이렇게 말하면 됩니다!!

오오~

좋은 질문이구나 엄마도 알아볼게

# 남자아이의 몸과 마음

성교육 시작하는 법
반드시 가르칠 것들
남자아이 편
여자아이 편
가장 궁금한 Q&A
부모를 위한 성

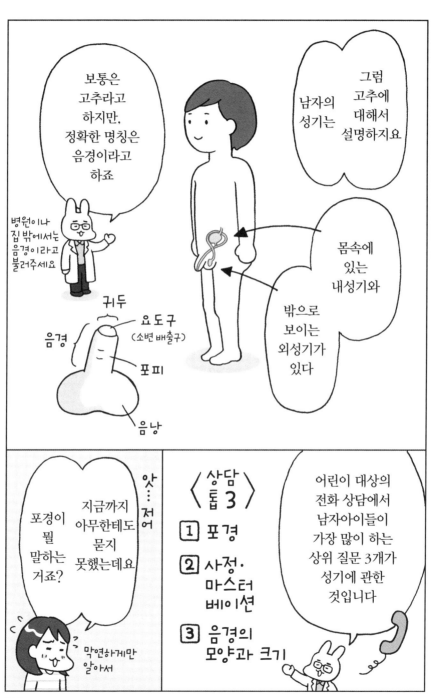

064

성교육 시작하는 법

반드시 가르칠 것들

남자아이 편

여자아이 편

가장 궁금한 Q&A

부모를 위한 성

건강 때문에라도 스스로 씻게 하는 것이 중요해요

음경과 포피 사이에 때가 껴서 염증이 생길 수도 있으니

오줌 눈 다음… 휴지로 닦지도 않으니까

남자아이는

그랬군요

음경 끝에는 오줌이 묻기 쉽고

당겨서 씻거나 소변을 본다는 거는 정말 몰랐네요!!

겉만 씻겨주었다

이라는 의식이 생긴다

내 몸은 나의 것

스스로 씻는 훈련은 3~4세경부터 시작하면 좋아요

이로써…

엄마가 해줄 경우엔 한두 번만 해주세요

대신에 아빠가 씻겨주는 건 OK지만

이제부터라도 가르쳐주세요

그렇게 빨리 시작하는군요

네!?

3~4세

우리 아이는 벌써 6세인데~

남자아이의 경우

상담소를 연결해주는 것도 부모의 역할이다

이런 곳에 상담해보도록 알려주세요

비뇨기과

학교 보건 선생님

어린이 상담
청소년사이버 상담센터 1388 등

그럼에도 본인이 걱정한다면

우리 아이도 자주 고추나 불알이 가렵다고 해서…

그렇군요

안 돼~ 긁으면 안 되잖아? 병인가? 짓물렀나?

빨개졌네

가려워~ 긁적~

부모도 모르는 부분이 있으면

주치의에게 묻거나 상담을 받아보세요

익숙해지기 전에는 쑥스러울 수도 있지만

불안할 때는 혼자 판단하지 말고 전문가와 상의하세요

실제로 질병일 수 있으니

일단 인터넷으로 검색해본다

"엄마는 모르겠어!! 판단이 안 선다고~" 하는 일이 많아요

고추 빨개짐…

# 이거 병인가?
# 성기에 관한 불안과 궁금증

### 비뇨기과, 피부과, 소아청소년과…,
### 도대체 어디에 물어봐야 하지?

벗겨야 할지, 말아야 할지 고민되는 포경부터 성기의 크기나 모양 등 남자아이는 고민거리가 많다.

성인에게는 대수롭지 않아 보여도 본인에게는 중대한 사안. 통증이나 가려움이 없는 경우에도 본인이 진찰받고 싶어 한다면 병원에 데려간다. 음경 문제는 비뇨기과에 상담하는 것을 추천한다. 피부과나 소아청소년과도 상관없지만, 결국 비뇨기과로 가야 하는 상황이라면 의사와 상담이 번거롭게 수차례 진행될 수 있기 때문이다. 통원하면서 마음에 걸렸던 고민거리가 조금씩 해소되는 체험도 중요하다. 또 성장하면서 본인이 직접 성 문제를 의사에게 설명해보는 것도 의미 있는 일이다. 말하기 어려워할 때는 미리 메모를 준비시키는 등의 방법으로 진찰에 대한 거부감이 덜하도록 적극적으로 도와준다.

# 마음이 어수선할 땐
# 어떻게 하지?

## "얘기해줘서 고마워"라고 토닥여주는 상담 창구로

친구, 진로, 부모 등 아이도 마음이 잘 정리되지 않거나, 해결책이 보이지 않거나, 누군가에게 털어놓고 싶을 때가 있으며 고민이 이어진다. 병원에 갈 정도는 아니라도 몸에 대해서 궁금한 점이나 불안한 걱정도 많다. 그럴 때 의지가 되는 사람이 꼭 부모가 아닐 수도 있다. 부모에게 걱정을 끼치고 싶지 않은, 그리고 부모의 도움 없이 이겨내고 싶은 아이의 마음을 이해해주는 것도 중요하다. 오히려 아는 사람이 아닌 낯선 사람이기 때문에 솔직하게 털어놓을 수 있다든지, 속이 시원해질 수도 있다. 무료로 상담할 수 있고 무슨 일이든 말할 수 있는 창구를 부모도 알아두도록 하자.

어떤 말을 하거나 듣더라도 "잘 찾아왔어", "언제라도 다시 얘기해줘" 하며 받아주는 곳, 말하는 사람, 고민하는 사람의 마음을 존중해주는 곳에 마음을 털어놓는다면 좋을 것이다.

| 문의처 | 상담 내용 |
|---|---|
| 청소년사이버상담센터 1388 | 청소년의 친구 문제, 진로, 학교 폭력, 우울, 가출 등 상담. 365일 24시간 이용. 1388(또는 110) https://www.cyber1388.kr |
| 청소년성문화센터 | 초등학교 이상의 청소년, 양육자 등 누구나 상담 가능. 청소년 성 심리, 성 행동, 성 문제, 성폭력 등 상담(전국 58개소에 청소년성문화센터가 운영되고 있다). 아하! 서울시립청소년성문화센터 02-2677-9220 https://www.ahacenter.kr |
| 해바라기센터(아동) | 성폭력 피해 아동에 대한 의료, 법률, 수사 지원을 한 번에 제공. 365일 24시간 상담. 전국 8개소(아동) 운영. 서울해바라기센터(아동) 02-3274-1375 http://www.child1375.or.kr |
| 탁틴내일 상담소 ('나다' 성인권교육상담소) | 성, 성 인권, 성폭력, 학교 폭력, 디지털 성폭력, 인성, 심리 등의 상담과 교육 진행. 02-3141-6191 http://www.tacteen.net |

# 사정이 뭐죠?

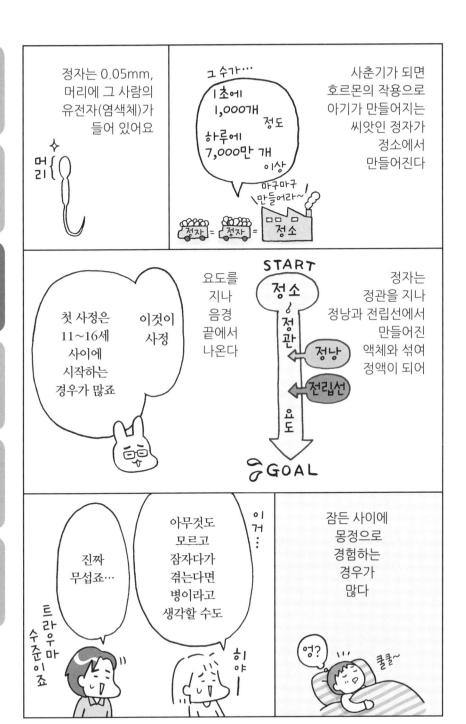

성교육 시작하는 법

반드시 가르칠 것들

남자아이 편

여자아이 편

가장 궁금한 Q&A

부모를 위한 성

정자는 0.05mm, 머리에 그 사람의 유전자(염색체)가 들어 있어요

머리{

그 수가…

1초에 1,000개 정도

하루에 7,000만 개 이상

마구마구 만들어라~

정자 = 정자 = 정소

사춘기가 되면 호르몬의 작용으로 아기가 만들어지는 씨앗인 정자가 정소에서 만들어진다

첫 사정은 11~16세 사이에 시작하는 경우가 많죠

이것이 사정

요도를 지나 음경 끝에서 나온다

START

정소

정관

정낭

전립선

요도

GOAL

정자는 정관을 지나 정낭과 전립선에서 만들어진 액체와 섞여 정액이 되어

진짜 무섭죠…

아무것도 모르고 잠자다가 겪는다면 병이라고 생각할 수도

이거…

트라우마 수준이죠

히야

잠든 사이에 몽정으로 경험하는 경우가 많다

엉?

쿨쿨~

사춘기가 가까워졌다면 아빠 쪽이 좋겠지요

아직 어리다면 엄마도 좋겠지만

삐질 삐질

아빠와 엄마 중 누가 말해주는 것이 좋을까요?

그럼 아무래도 사정에 대해서는 미리 말해주는 게 필수겠네요

남편에게 맡겨야 할까, 말까!!

**아이에게 알려줄 때는…**

남자는 11세부터 16세 무렵에 딱딱해진 고추(음경) 끝에서 희고 끈적한 액체가 흘러나오게 된단다

이걸 사정이라고 하는데, 그 액체는 정액이라고 말하고 고환(정소) 속에서 만들어진 아기씨, 즉 정자가 들어 있어

고추(음경)에서 나오지만 오줌과 섞이지는 않는단다

참고로 아이에게 사정에 대해 얘기해줄 때는 이렇게 설명하면 좋습니다

아이가 미리 알고 있으면

'아 이게 그거구나~'하고 넘어가지요

우선은 이 정도만 알려줘도 좋습니다

대개는 충분한 지식이 없는 상태에서 첫 사정을 하고 쇼크를 받은 경험이 원인이죠

이건 뭐지

더럽다

몇 퍼센트는 있어요

실제로 정액을 '더럽다'고 생각하는 남성이

저도… 조금 지저분하다고 생각했거든요

미안해요

잘 몰랐기 때문이긴 하지만

역시 헉

내 몸이랑 성기가 더러워졌나 생각했다니까요

고름이 나온 줄 알고 깜짝 놀랐어요

저도 사실은

그러면서도 하고 싶어지는 마음이 드는 저 자신이 싫어지고

성과 여성에 대한 관점과 사고가 왜곡되는 경우가 있다

자칫 평생 이런 감정에서 벗어나지 못한 채…

자기 몸을 긍정적으로 받아들이지 못하고

이건 심각한 문제로…

나는 불결해…

더러워

# 첫 사정을 했다면

성교육 시작하는 법

반드시 가르칠 것들

남자아이 편

여자아이 편

가장 궁금한 Q&A

부모를 위한 성

놀리는 말은 **절대 안 돼요!!**

이때 '말끔하다' '대단하다' '더럽다' '지저분하다' 등의 가치관이 담긴 단어나

매우 괴롭지요

본인도 어쩔 수 없는 일인데

이를 부끄럽고 추잡한 일로 취급받으면

맞아…

그리고 미담처럼 되는 것도… 마음이 따르지 않아서 싫다

'땀에 젖은 셔츠'처럼 '정액이 묻은 팬티'라고 말하는 것이 좋아요

**✕더러워졌다**

↑ 가치관이 담긴 말이므로 **NG**

자칫 '더러워진 팬티'라고 말하기 쉬운데

게다가 본래 정액이나 성기가 불결한 것도 아니고요

앗 그렇지

진정한
자상함이라는
생각이
드네요

동성의
부모가
책임감 있게
알려주는
것이

지금까지는
부끄러운 일이니
가급적
모른 척하는 게
자상한 태도라
생각했는데…

시상하부에서
테스토스테론
(남성호르몬)이
대량으로 분비된다

이즈음
부터

뇌

그에
따라

자율 신경에
영향을 준다

참고로
첫 사정이
있을 무렵
호르몬
분비가
변합니다

때가 되면
아들에게
잘 알려줄
거예요!!

오오오~
멋지다!!

짝

짝
짝

지금 7세이니
몇 년 후

이때부터
부모는
'너그럽게
봐주기'와
'거리 두기'가
매우
중요해집니다

이런
시기이니

미리
알아두면

당황하지
않는다

몸 안팎이
불균형

조금 떨어져
지켜본다…

다른 사람이
거슬린다

콤플렉스가 생긴다

마음이나
몸 상태가
불안정하다
↓
아침에 잘
못 일어나거나
제시간에
움직이지 못한다

초조하다

쉽게 피곤해진다

# 제 10 화

# 언제까지 함께 목욕할 수 있을까? 【남녀 공통】

082

성교육 시작하는 법

반드시 가르칠 것들

남자아이 편

여자아이 편

가장 궁금한 Q&A

부모를 위한 성

**칼럼 8**

# 사춘기라는 혼란 없이는
# 어른이 될 수 없다

## 호르몬 균형이 깨지면서
## 다양한 증상이 나타난다

　사춘기를 맞으면 아이는 몸과 마음에 여러 가지 혼돈을 겪는다. 뇌와 신경 계통이 발달하고, 몸의 각 부위가 심하게 변화, 성장하는 과정에서 호르몬의 균형이 무너지기 쉽기 때문이다. 또 생식 기능이나 생리 기능이 성숙하면서 자율신경기능이상(불면, 나른함, 두통, 복통 등)이나 사춘기성 빈혈, 기립조절장애(현기증, 구토증, 아침에 일어나기 힘든 증상 등), 사춘기 우울증(만사 귀찮음, 불면, 식욕부진 등) 증상이 나타나는 경우가 있다.

　불안정한 시기이므로 서두르지 말고 차분히 쉬게 하면 호르몬 분비가 안정 되고, 몸 상태도 좋아진다. 일방적으로 꾀를 부린다거나, 의욕이 없다는 식으로 비난하지 않는다. 오히려 마음만 멀어질 뿐이다. 무리하지 않도록 하고, 증상이 심하면 학교나 방과 후 활동을 쉬도록 한다. 그래도 개선되지 않으면 소아청소년과에 상담하도록 하자. 여아뿐 아니라 남아도 마찬가지다.

매일 몸이 좋지 않다고 하고, 좀처 럼 일어나기 힘들어하는 등 증상도 다양하다. 이때 과도한 보살핌이나 방임은 금물, 안색이나 식욕 등 아 이의 변화를 잘 살펴보도록 하자.

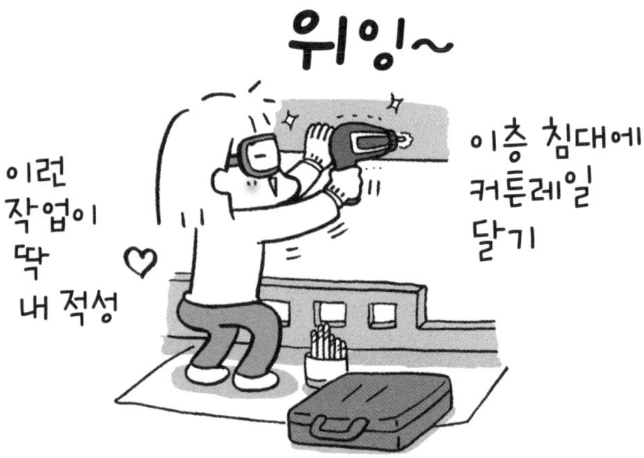
위잉~
이런
작업이
딱
내 적성
이층 침대에
커튼레일
달기

# 4장

## 아이와 부모가 함께 배우는
# 여자아이의 몸과 마음

# 제 11 화

# 여자아이의 몸과 마음

※초경이 평균보다 일러서 걱정된다면 병원 검진을 받자

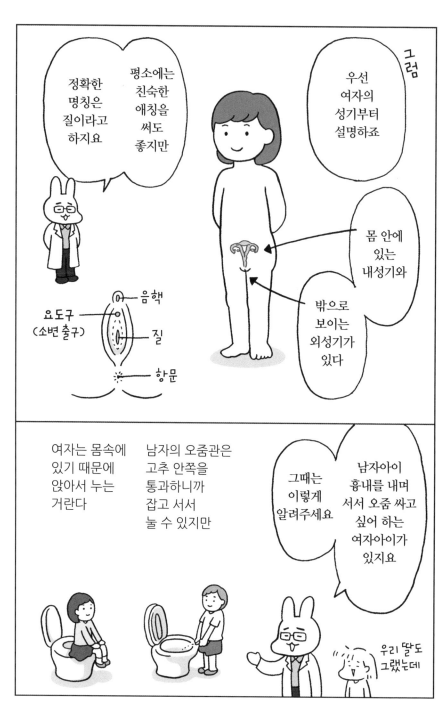

이건 성인도 부주의하면 방광염에 걸리기도 하지요!!

어릴 때부터 닦던 습관이 있어서

아야야

배변 훈련을 시킬 때 앞에서 뒤로 닦도록 가르쳐주세요

앞에서 뒤로~

오줌 출구, 질과 항문은 서로 가깝기 때문에

건강을 위해서 중요한 거란다

이때가 외성기에 대해서 알려줄 기회

• 외성기의 주름 사이
• 소변 출구
• 항문 주변을 부드럽게 씻는다

또 욕실에서 쪼그려 앉아 따뜻한 물로 씻는 법을 알려주세요

이것도 3~4세 무렵부터

이렇게 가르치면 됩니다

모두 소중한 곳이기 때문에 목욕할 때 깨끗하게 씻도록 하자

나 혼자만 보거나 만질 수 있는 곳이야

앞부터 소변 구멍(요도), 아기가 태어나는 구멍(질), 응가가 나오는 구멍(항문) …이 나란히 있단다

여자의 다리 사이에는 구멍이 3개 있는데

# 어디로 가지?
# 소아청소년과? 부인과? 산부인과?

## 체질에 따라 증상이 다양하다

몸의 구조나 성 의식이 높아지는 계기가 바로 생리(월경)다. 이와 함께 통증이나 불쾌감 등 생리로 인한 몸의 변화도 느끼게 된다. 이 같은 컨디션 변화는 같은 여성이라도 증상이 나타나는 양상이나 느끼는 강도가 제각각이다. 자녀라고 해도 '나는 이러했으니'라며 자신의 경험에서 비롯된 감각으로 대처해서는 안 된다.

다음과 같은 증상이 있을 때는 의사와 상담하도록 한다.
- **생리통이 있을 때 몸을 웅크릴 정도로 아파한다.**
- **생리할 때 아파서 몸져누울 만큼 몸 상태가 나빠진다.**
- **양과 주기가 불규칙하다.**(P102 참조)
- **생리 전에 성격이 급격히 변하거나, 평소와 다른 행동이 눈에 띈다.**

## 어느 진료과든 상관없다! 일단 상담을 받는 것이 중요

막상 병원에 가기로 결정하고 어느 진료과로 가야 할지 고민될 때는 동행하는 사람이 편한 병원으로 가는 것이 좋다. 단골 소아청소년과나 자신이 출산한 병원도 좋다. 함께한 보호자가 불안한 모습을 보이면 아이는 더 불안해진다. 부인과나 산부인과에 대한 문턱을 낮추는 의미에서 '엄마도 검진받는 날이니, 가는 김에 같이 상담받자', '엄마도 잘 아는 병원이니 함께 가볼까?'라고 말한다. 그리고 나중에는 혼자서도 갈 수 있도록 한다.

## 제 12 화
# 임신과 월경(생리)

성교육 시작하는 법

반드시 가르칠 것들

남자아이 편

여자아이 편

가장 궁금한 Q&A

부모를 위한 성

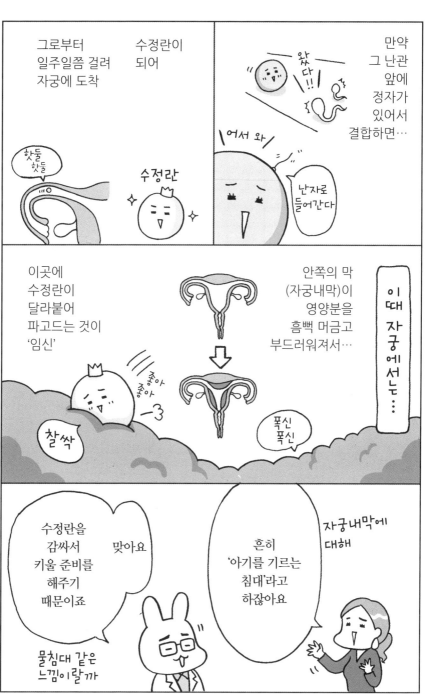

그로부터
일주일쯤 걸려
자궁에 도착

수정란이
되어

핫둘
핫둘

수정란

왔다!!

어서 와

난자로
들어간다

만약
그 난관
앞에
정자가
있어서
결합하면…

이곳에
수정란이
달라붙어
파고드는 것이
'임신'

좋아
좋아

찰싹

안쪽의 막
(자궁내막)이
영양분을
흠뻑 머금고
부드러워져서…

이때 자궁에서는…

폭신
폭신

수정란을
감싸서
키울 준비를
해주기
때문이죠

맞아요

흔히
'아기를 기르는
침대'라고
하잖아요

자궁내막에
대해

물침대 같은
느낌이랄까

주룩

부드러운
자궁내막이
점차
벗겨져
떨어진다

주르륵

접수완~료

뇌

신호를 뇌에 보내서

수정란이 되지 못했어요!!

하지만
난관 앞에
정자가 없어서
결합하지 못하면

덩그러니

어… 없네

보통은
생리라고
부르지요

이것이
'월경'

벗겨질 때
출혈과 함께
막이 밖으로
나오죠

3~7일에 걸쳐서
밖으로 보낸다

이때
일어나는
통증이
월경통(생리통)

이 막은
자궁이
수축하면서
밀려 나온다

아야야

쭉

진통을
유발하는 것과 같은
물질에 의해

〈 이미지 〉

11세부터 17세,
평균적으로는
13세에
시작하는
경우가
많습니다

첫 생리를
초경,
초조라고
하는데

우리 아이는 2년 정도
이른 거구나~

성교육 시작하는 법

반드시 가르칠 것들

남자아이 편

여자아이 편

가장 궁금한 Q&A

부모를 위한 성

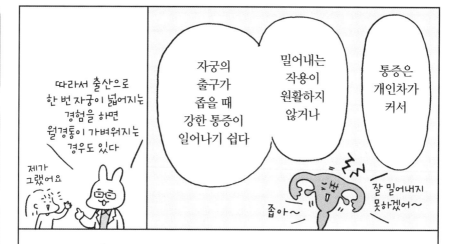

따라서 출산으로
한 번 자궁이 넓어지는
경험을 하면
월경통이 가벼워지는
경우도 있다

제가
그랬어요

자궁의
출구가
좁을 때
강한 통증이
일어나기 쉽다

밀어내는
작용이
원활하지
않거나

통증은
개인차가
커서

좁아~

잘 밀어내지
못하겠어~

## 아이에게 알려줄 때…

여자의 배 속에는 자궁이라는
아기를 기르는 전용 주머니(방)가
있단다

몸이 성장해서 아기를 낳을 수
있게 되면 자궁 안에서는 아기를
맞기 위해 매달 폭신한 침대 같은 것
(자궁내막)을 준비하지

그 침대가 필요 없어져서
밖으로 떨어져 나오는 것이 생리란다.
떨어져 나올 때 피도 함께 나오지만
겁먹지 않아도 된단다

아이에게
월경에 대해
알려줄 때는
이렇게
말해주면
좋습니다

100

그러니 아빠가 먼저 눈치챈 경우에도

엄마에게 인계한다

잘 알려줘

살짝

아

엄마가 집에 없을 때는

우선 일단 아빠가 대처해주고

자세한 건 엄마에게 들으렴

그래도 아빠가 직접 설명하지 말고…

엄마가 없는 경우는요?

한 부모가정 같은

맞아~

그렇게 해주면 딸 입장에서는 정말 편하겠네!!

아빠랑은 진짜 얘기하고 싶지 않은 부분이니까

여자 아이의 몸

보건 선생님 또는 친척 중 여성에게 설명을 부탁해두는 게 좋겠습니다

책을 주거나

고모가 알려줄게~

그렇습니다

아무 말 없이 자리를 피하는 것과

함께 인식하는 상황에서 자리를 뜨는 것은 큰 차이가 있죠

그렇다면

사전에 부부가 조율해두는 것이 좋겠네요

OK

부부의 연대감!!

부탁해

아빠는 잠깐 서점에 좀 다녀올게~

생리대 사용법은 가르쳐놓을 테니…

당신이 없을 때는

# 월경의 구조
# 자기 몸을 아는 좋은 기회

월경할 때 월경 전과 증상이 비슷한 사람이 있고 복통이나 나른함, 졸음이 나타나기도 한다. 심한 통증은 참지 말고, 통증이 오기 전 미리 약을 복용하면 수월하게 지날 수 있다.

월경은 짧은 사람은 3일, 긴 사람은 7일 정도 계속된다.
월경혈의 양에도 변화가 있다. 많을 때, 적을 때, 상황에 맞게 생리대를 교체한다.

프로게스테론
(황체호르몬)

황체기

월경기

헐려 떨어져서 체외로 배출

자궁내막

고온기

월경할 때 통증이 심하고 좀처럼 가라앉지 않거나, 월경혈의 양이 3일이 지나도 줄지 않아 1~2시간 간격으로 교체해야 할 때는 전문의와 상담한다. P95 참조

월경이 끝나면 기분이 괜찮아지거나, 몸의 움직임도 활발해진다. 변화를 거의 느끼지 못하는 사람도 있지만, 몸 상태가 안정된 시기이니만큼 의욕적으로 도전해보자!

20          25          28

고온기와 저온기 차이는 0.3~0.6℃ 정도

여성의 몸은 사춘기가 되면 월경을 시작한다. 월경은 대략 한 달에 1번, 난소에서 난자가 나와 정자와 수정하기 위해 자궁으로 보내진다. 그러나 수정이 되지 않으면 수정에 대비해 두꺼워진 자궁내막의 벽이 혈액과 영양분과 함께 벗겨져 떨어진다. 이것이 월경혈이다.

월경이 시작되는 징조는 팬티에 다갈색 분비물이 묻거나, 피 같은 것이 나오기도 한다.
팬티에 뭐가 묻었겠지 하고 넘기지 말고, 이후의 변화를 주의 깊게 살펴본다.

월경 전에는 몸 상태가 불안정해지기 쉽다. 몸이 붓거나 두통, 요통, 피부 트러블 등이 생기기도 한다.
또한 기분이 울적해지거나 쉽게 짜증이 날 수 있다는 점을 염두에 두면 안심할 수 있다.

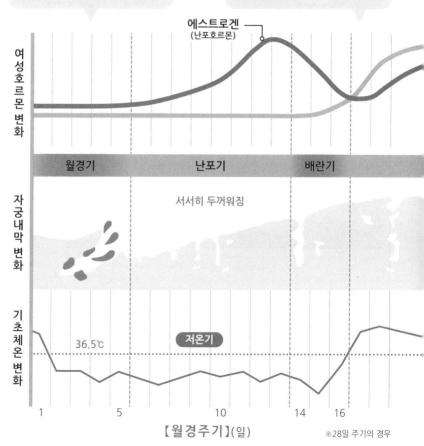

여성호르몬 변화

에스트로겐
(난포호르몬)

월경기      난포기      배란기

자궁내막 변화

서서히 두꺼워짐

기초체온 변화

36.5℃

저온기

1     5     10     14   16

【월경주기】(일)

※28일 주기의 경우

# 월경(생리)을 시작했다면

성교육 시작하는 법

반드시 가르칠 것들

남자아이 편

여자아이 편

가장 궁금한 Q&A

부모를 위한 성

## ① 생리대

부착법을 한번 연습해두면 안심

이렇게 해서

날개를 어떻게 해야 할지 어려워하는 아이도 많다

- 팬티에 부착해 생리혈(월경혈)을 흡수시킨다
- 양이 보통인 날, 많은 날, 취침용, 적은 날에 쓰는 것 등의 종류가 있다

날개형과 날개 없는 일자형이 있다

## ③ 탐폰

- 질에 넣어 월경혈을 흡수하는 것이 탐폰
- 격렬하게 움직여도 샐 우려가 없다
- 수영장이나 온천에도 안심하고 갈 수 있다

설명서를 잘 읽고 생리 중에 연습해볼 것

## ② 위생 팬티
(생리용 팬티)

일반 팬티보다 원단이 탄탄하다

- 밑부분이 방수 처리되어 있거나, 월경혈이 묻어도 쉽게 지워지는 소재로 되어 있다

다중으로 되어 있거나 방수 처리되어 있다

## ⑤ 휴대법

파우치

미니 크로스백

손수건으로 감싼 후 화장실로…

- 파우치나 끈 주머니에 생리 중일 때는 5개 전후, 평소에도 1~2개를 넣어두면 안심

## ④ 버리는 법

또르르

위생용품 수거함

- 월경혈이 묻은 쪽을 안쪽으로 작게 접어 휴지 등으로 감싼 후 위생용품 수거함에

'쓰레기통' 이라고는 말하지 말 것

## ⑦ 학교에서 도움이 필요할 때

- 생리대가 떨어졌다
- 옷에 생리혈이 묻었다
- 몸이 좋지 않다
- 체육 시간에 빠지겠다는 말이 어렵다
- 고민거리가 있다 등등

이럴 때는

**보건교사에게**
**도움을 청하자**

## ⑥ 교체 시기

- 1~2시간에 1회 교체가
  기준

쉬는 시간에
자주
교체하자

귀찮지만

3시간 이상은 냄새나
짓무름의 원인이 되기
때문. 밤이나 취침할
때는 괜찮다

## ⑧ 수영 & 체육 (방과 후 활동)

- 생리대를 부착한 채 수영장에
  입장할 수 없으니 빠진다

- 탐폰을 쓸 수 있다면
  들어갈 수 있지만,
  몸 상태를 보면서
  무리하지 말 것

- 생리 중이라도
  활동하는 데 큰 문제는 없지만
  통증이 심하거나
  양이 많아 불안할 때는
  무리하지 말고
  쉬도록 한다

## ⑨ 월경혈이 묻었다

미리 아이에게

이렇게
세탁하는 거야.
옷과 시트는
엄마에게
맡기고

생리혈이 묻은
팬티나 잠옷은
직접 물에 헹궈서
세탁기에 넣어두렴

…라고
말해둔다

- 월경혈은 온수에서
  굳는 성질이 있으니
  찬물이나 미온수로
  묻은 곳을 손빨래한 뒤
  세탁기에 돌린다

- 시간이 지나면
  잘 빠지지 않으므로
  눈에 띄면 가급적
  빨리 씻어낸다

⑩ 목욕

• 샤워할 때는 흐르는 물에 가볍게
  씻어낸다. 때 타월 등으로
  세게 문지르는 것은 자칫 상처를
  낼 수 있으므로 절대 금물

> 샤워 후에는
> 물기를 완전히 말리고
> 통풍이 잘되는 속옷을 입는다

• 욕실에 월경혈이 떨어졌다면
  샤워기로 닦아낸다

생리 중에는 피부가 짓무르기 쉽고
세균 번식 등의 우려가 있으므로
청결 관리에 유의합니다.
자궁이 민감해지는 시기인 만큼
욕조에 몸을 담그기보다
가볍게 샤워를 해주세요!

• 팬티에 새 생리대를 붙여두면
  옷 갈아입기가 편하다

---

⑪ 이런 증상이 나타나기도 한다

**배가 아프다** 〈생리통〉

생리가 시작되고 반나절에서
약 이틀 사이에 배가 아프거나
골반 주변을 중심으로
허리 통증이 느껴지기도 한다.
설사를 하는 경우도

**머리가 아프다·** 〈빈혈〉
**현기증이 난다·나른하다**

생리 중에는 피가
많이 나와서
빈혈이 생기기 쉽다

**PMS**
(월경전증후군)

짜증·침울하다·공격적
으로 바뀐다·졸리다·
변비·피부 트러블·붓는다·
식욕 증가 등

생리 2주일 전부터
직전까지 컨디션 저하가
나타날 수 있다

> 한 달에
> 절반 이상
> 몸이 좋지 않을
> 수도 있다?

어쨌든 배를 따뜻하게 하는 것이 가장 좋다.
스트레칭이나 샤워, 핫 팩으로 따뜻하게 하거나, 무리하지
말고 누워서 쉰다…. 심할 때는 부인과에서 진단을 받아
통증을 완화시키는 약을 처방받는다

> 부인과·산부인과는
> 나이와 관계없이 진료를
> 받을 수 있어요

# 생리, 어디까지 말해줘야 할까? 【남녀 공통】

성교육 시작하는 법

반드시 가르칠 것들

남자아이 편

여자아이 편

가장 궁금한 Q&A

부모를 위한 성

오~

이렇게 받아들이는 감각에 개인차가 크구나~

역시 보여주는 게 좋았을까~

여자 몸에 대해서는 거부감이 없거든요

그래요!?

남자 몸은 그렇게 부끄러워하더니

천연덕

어느 쪽이든 OK입니다

정답이 있을 리가 없지요

욕실에서 월경혈을 보일지 말지에 대해서는

맞아

사람에 따라 느끼는 방식은 크게 다르니까

거부감 있고 말고

개의치 않음

가르치는 걸 포기해버릴 수도 있죠

반드시 정식 명칭인 음경이라고 해야 한다면

고추라고는 말해도 음경이라고는 말하기 어려울 수 있잖아요

예를 들어 성기의 명칭도

그건 그래요

아니, 아무것도 아니다

으…음

?

급히
정보를
찾아보고
소아청소년과랑
학교에
상담하면서

진짜…
너무
당황해서

ㅎ흑

남편한테는
말 못하고
모두 혼자서…

눈물
날 것
같아요~

우아~앙

오히려
고마운
기억으로
마음에 남지
않았을까요

뭉클

당당히
이렇게
말해주자

당황하더라도
호흡 한 번
크게 하고

후우

그렇지
않아도
당황하는
부모는
많으니까요

하나 씨
같은 경우는
조금
드물지만

그리고 아이는
부모의 동요에
민감

눈치

아이는
안심하고
자기 몸의
변화를
받아들일 수
있어요

네!!

이제
몸이 어른이
되는 거야
축하해

놀랐지?

# T.P.O에 따라 골라 쓰는 생리용품 상식

## 생리용품의 역할과 사용법을 알고, 몸의 구조도 이해한다

요즘 시판되는 생리용품은 많은 연구를 통해 품질이 향상되고 기능적이다. 두께가 얇은 1~2mm의 생리대도 흡수력이 뛰어나다. 새지 않고, 편안하고, 피부에 자극도 적다. 이 같은 생리용품의 종류와 각각의 사용법을 알려주면서 몸의 구조와 생리를 아는 계기로 삼는 것도 좋을 것이다. 양 많은 날, 보통인 날 등 제품이 나뉘는 것은 생리량에도 변화가 있기 때문. 서 있을 때는 월경혈이 잘 나오기 때문에 체육 수업이 있을 때는 팬티형이 안심된다. 질에서 흘러나오는 월경혈을 질에서 거두는 탐폰의 경우는 장착하는 과정에서 자신의 질 위치나 형태를 알 수 있다. 보통은 생리대를 사용하지만, 수영 수업이 있는 날에는 탐폰을 사용하는 식으로 선택지를 넓혀 불안감을 줄일 수 있다.

생리대    탐폰

월경의 시작과 끝 무렵에 나오는 '분비물'이 신경 쓰인다면 팬티 라이너를 이용. 분비물은 초경이 시작되기 1~2년 전부터 나오기 시작하는 경우가 많다. 건강할 때의 분비물 상태를 파악해두면 라이너에 흡수된 냄새나 색의 차이로 질병을 조기에 발견할 수도 있다.

팬티형 생리대

# 수정과 성교 이야기 【남녀 공통】

116

성교육 시작하는 법

반드시 가르칠 것들

남자아이 편

여자아이 편

가장 궁금한 Q&A

부모를 위한 성

성교육 시작하는 법

반드시 가르칠 것들

남자아이 편

여자아이 편

가장 궁금한 Q&A

부모를 위한 성

120

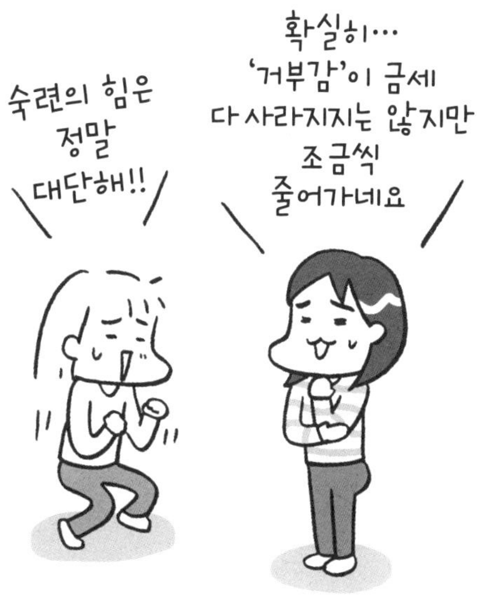
숙련의 힘은
정말
대단해!!
확실히…
'거부감'이 금세
다 사라지지는 않지만
조금씩
줄어가네요

# 제 16 화

# '출산'을 말하자 【남녀 공통】

이 아기는 어디에서 태어났어요?

그리고 이런 질문을 할 확률이 높다

헉.

둘째 딸이 아직 아기일 때 큰딸을 마중하러 나가면

다른 원아들이 몰려든다

와— 아기, 아기다

우르르

우르르

아기 봐도 돼요?

애들은 아기를 참 좋아해…

"엄마나 아빠한테 물어보렴~" 하고 얼버무렸어요

그래서

그럴 때 있지

민감한 듯

이런 건 가정마다 알려주는 방식이 있을 테니-

대답해줘도 되지만…

다른 사람이 알려주면 안 되겠지…

아무래도 대부분 외성기를 말하기가 거북하기 때문이겠지요

'어디에서' 부분을 언급하기 힘든 것은

그런 것 같아요

"배 속에서 키워서 다리 사이에 있는 아기가 태어나는 문에서 나왔지"라고 대답해줬어요

네

마미 씨 아이도 물어보던가요?

이런 것에는 거부감이 없어서

122

성교육 시작하는 법

반드시 가르칠 것들

남자아이 편

여자아이 편

가장 궁금한 Q&A

부모를 위한 성

단순히 엄마와 아기(자신)의 연결 고리를 확인하고 싶은 경우가 많답니다

하지만

아이가 알고 싶은 것은

외성기가 아닐 수도 있어요

네? 무슨 말씀이시죠?

왜 그게 알고 싶어졌지?

이렇게 되물어 보고

비난조가 되지 않도록 조심하면서

말 끝을 올린다

그러니

"어디에서 태어났는데?"라고 물으면 먼저

이렇게 끝나는 경우도 많다

뭐야 그랬구나~

너는 엄마 배 속에 있다가 거기에서 태어났단다

아니야

휴

그러면…

유진이 그러는데 새가 물어서 집에 데려왔대

나도 그래?

124

성교육 시작하는 법

반드시 가르칠 것들

남자아이 편

여자아이 편

가장 궁금한 Q&A

부모를 위한 성

125

하지만 아기가 태어날 때는 크게 넓어져서 지나갈 수 있게 되거든

평소에는 꽉 닫혀 있어

소변 나오는 데와 똥꼬 사이에 있는데

아기가 태어나는 출구는

무사히 태어나줘서, 엄마가 얼마나 기뻤는지~

기억을 못하겠지만

너도 이렇게 해서 태어났단다

끝!!

아항~

때로는 몇 시간이나 고생해서 드디어 태어나는 거야

그래서 엄마랑 아기 모두 엄청~!! 애를 쓰면서

엄마와 아이의 '공동 작업'으로 표현하는 거죠

포인트는 생색내는 느낌이 아니라

내가 힘들게 낳아주었다는 식의 말은 NG

왠지 외성기 이야기도 순하게 느껴진다

조금 길지만 연습하면 말할 수 있지 않을까요?

어때요

이 정도면

126

성교육 시작하는 법

반드시 가르칠 것들

남자아이 편

여자아이 편

가장 궁금한 Q&A

부모를 위한 성

# 배 속에서
# 아기는 어떻게 자라요?

## 탯줄을 통해 영양을 공급받으며 성장

아기는 자궁 속의 물, 양수의 보호를 받으며 양수를 마시기도 하고 탯줄을 통해 양분을 공급받으며 성장한다. 마신 후 불필요한 수분은 오줌으로 배출한다. 똥은 태어날 때까지 체내에 쌓아두고, 태어날 때까지 배출하지 않는다.

【수정 후 12주】 　　　　　　 【수정 후 7주】

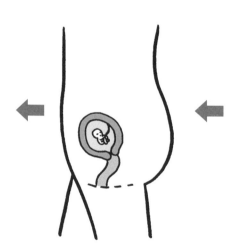

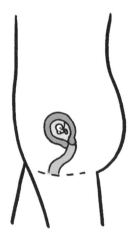

**태아는 약 12cm**
**약 120g**

태반과 손발 등이 생긴다. 이 시기부터 입덧이 가라앉는 사람도 있다.

**태아는 약 2.5cm**
**약 4g**

심장, 뇌, 신경 등의 조직이 만들어진다. 이 시기에 입덧이 시작된다.

태아는 호흡하지 않고, 양수 안에서 필요한 산소와 영양분을 태반으로 모체에서 흡수한다. 이때 모체의 혈액이 태아의 체내로 흘러드는 일은 없다. 즉 모체와 태아의 혈액이 직접 연결되어 있지는 않다.

【수정 후 38주】  【수정 후 20주】

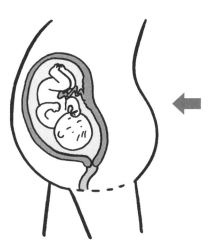

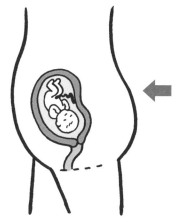

**태아는 약 50cm 약 3,000g**

아기가 많이 자라서 자궁 속이 비좁아지기 때문에 엄마의 배도 커진다. 언제든 진통이 시작될 수 있는 상태.

**태아는 약 30cm 약 600g**

머리털이 자란다. 뼈가 단단해지고, 내장이 기능하기 시작한다. 태동도 감지할 수 있다. 24주 이후에는 인공 중절 수술이 불가능하다.

다시 보니
임신도 출산도
매우 원리가
정교해… 놀랍네ㅡ

5장

# 부모들이 가장 궁금해하는
# 질문과 대답

# 똥, 오줌, 고추 같은 말을 계속해서 민망해요

이상한 말을 하려던 게 아니었군

아이는 똥이나 오줌이 나오는 곳이라 이런 단어를 아주 좋아하죠

오~

또 어른의 반응이 재미있거나

어른들은 엉겁결에 기겁하지만

'엉덩이'나 '고추'는 생식, 성과 연관된 말이라서

망측해라!!

꺄아오

고추 고추

부모랑 아이 모두 스트레스가 커져서

일절 못하게 하려니

그렇다니까요~

신경전이 되기도

공공장소에서는 부모가 난처하지요

그리고 제지하기도 꽤 힘들고요

그러다가 그만하게 될 테니 지켜보기만 해도 된다고 저는 생각하지만

…라고 말하는 건 어떨까요

반복해서 말해본다

반쯤은 포기하면서…

그러니 집 밖에서는 말하지 않기로 할까

엄마도 그렇고

듣기 싫어하는 사람도 있단다

너는 그렇게 말하면 재밌지만

그럴 때는

← 진지한 얼굴로

136

# 아이가 성기를 만지작거려요

성교육 시작하는 법

반드시 가르칠 것들

남자아이 편

여자아이 편

가장 궁금한 Q&A

부모를 위한 성

# 가족이 함께 TV 보는데 베드신이 나왔어요

이거 재미없네, 꺼야지!!

갑자기 TV를 끄거나 아이를 내쫓는 것도 자연스럽지 않아서

아이쿠 이제 TV 그만 보고, 숙제 다 했어?

휘이 휘이

어

아이와 함께 TV를 보다가 베드신이 시작되면 몸 둘 바를 모르겠어요

(11세 남아 9세 여아 아빠)

부모님이 동요하는 게 느껴져서 창피했던 기억이 있어요

저의 경우는 베드신 장면보다

알지!! 갑분싸~

어릴 때

제발 부탁이야!!

아무것도 물어보지 말기를…

어서 그 장면이 끝나기를 그냥 숨죽이며 기다린다

얼음

아이가 물어보면 어떻게 해야 하나 걱정이에요

그런데 그때

TV는 표현에 규제가 있으니

TV 베드신은 그리 신경 쓰지 않아도 괜찮아요

이 사람들 뭐 하는 거야? 라는 식으로

142

성교육 시작하는 법

반드시 가르칠 것들

남자아이 편

여자아이 편

가장 궁금한 Q&A

부모를 위한 성

# 아이가 성인물을 봐요

성교육 시작하는 법

반드시 가르칠 것들

남자아이 편

여자아이 편

가장 궁금한 Q & A

부모를 위한 성

# 스마트폰 때문에 생기는 갈등 예방법

## 할 수 있는 건 다 했지만, 여전히 부족하다!?

여러 기능에 잠금장치를 해도 빠져나가는 기술은 나날이 발전해서 아이의 스마트폰 환경까지 침투한다. 스마트폰 관련 정보를 매일 업데이트하겠다는 정도의 각오가 아니라면 아이가 귀를 기울일 만한 효과적인 대안을 제시하기가 쉽지 않은 것이 현실. 이를 위해서는 평소 아래의 사이트에서 최신 정보를 얻고, 가능하면 가족 단톡방을 만들어 스마트폰으로 대화를 많이 나누자. 스마트폰이나 SNS 최신 정보, 문제 상황에 휩쓸렸을 때 대응책 등의 정보에 민감하게 대응할 수 있도록 항상 관심을 기울인다. 좋지 않은 문제가 일어날 수 있다는 사실과 휩쓸리지 않도록 조심해야 한다는 점, 정보에 흔들리지 않아야 한다는 점 등을 미연에 어른으로서 설명해주는 것이 바람직하다. 그럼에도 불구하고 여전히 쉽지 않은 문제다.

| 문의처 | 활동 및 홈페이지 |
|---|---|
| 청소년 정보이용안전망 그린i-Net | 유해 정보로부터 청소년을 보호하고 올바르게 방송 통신 정보를 이용할 수 있도록 사이버상 환경 조성. 방송통신심의위원회에서 제공하는 무료 소프트웨어 다운로드 가능. http://www.greeninet.or.kr |
| 사이버 안심존 | 사이버 안심존 앱을 통해 스마트폰 이용 형태를 점검하고 올바른 스마트폰 이용 습관이 정착할 수 있도록 돕는다. https://ss.moiba.or.kr |
| 청소년 사이버상담센터 1388 | 365일 청소년에 관한 상담이 이루어진다. 자녀의 미디어 사용 문제로 어려움을 겪는 부모를 위한 영상도 볼 수 있다. 1388(국번 없이 또는 110) www.cyber1388.kr |
| 경찰청 사이버범죄 신고시스템(ECRM) | 범죄 피해 신고, 사이버 범죄 관련 상담, 사이버 범죄 관련 제보. 긴급신고 112(무료), 민원상담 182(유료) 365일 24시간 상담 가능. https://ecrm.cyber.go.kr |
| 여성폭력 사이버 상담 1366 | 가정 폭력, 성폭력, 데이트 폭력, 성매매, 디지털 성범죄 등 여성 폭력 피해 상담 및 피해자 지원. 1366(국번 없이) https://www.women1366.kr |

# 배우자가 아이 성교육에 비협조적이에요

…라고 남편에게 보고한다

이런저런 일이 있어서 아이한테는 이렇게 알려줬어

난 이렇게 생각해

담담하게

…그렇다고 남편을 완전히 배제하는 건 서운할 테니

부부의 인생은 아직 길고

아내 혼자…

사춘기부터는 이성 쪽 부모를 '이성'으로 인식하게 됩니다

앞에서도 말했지만

신뢰하기 힘들 것도 같고

전혀 달라지지 않는다면 솔직히 맥 빠지겠어요

성교육이 생각했던 것과 다른가…?

이런 보고를 통해 뭔가 배우게 된 남편이 조금씩 변할 가능성도 있다

어랏

그럼에도 아빠가 협력하지 않는 경우는

어린이용으로 나온 책을 아들에게 읽힌다

친척 중 남성에게 대신 부탁한다

아빠의 힘이 필요하지요!!

동성의 부모가 알려주는 것이 기본!!

성 이야기를 이성 부모에게 듣는다면 거부감이 크니

# 피임은 언제, 어떻게 알려줘야 할까요?

그래서

원치 않는 임신을 하지도, 시키지도 않기를 바란다

미리 제대로 가르쳐주고 싶은데 너무… 어려워!!

언제 말하지??

피임법을 미리 알려주고 싶은데 언제 어떻게 알려주면 좋을까요

(11세 남아 8세 여아 엄마)

왠지

중학생 때는 알려줘야 할 것 같은데…

너무 이른가

초경이나 첫 사정 때 알려주는 것도 한 방법일까

으~~음

틀림없이~

아이가 먼저 피임에 대해 물어보지 않을 가능성도 있을 거고…

물어볼 때까지 기다려도 될까?

**영국** 🇬🇧
중등교육
(11~14세) '생물학' 과목

**한국** 🇰🇷
중학교
'기술가정' 과목

**일본** 🇯🇵
고등학교 '보건교육' 과목

**네덜란드** 🇳🇱
초등교육
최고 학년(12세) 무렵

**중국** 🇨🇳
초등학년 6학년 때
(정식 교과는 아니지만 성 건강 교육 교과서를 대출해준다)

나라마다 '학교'에서 언제쯤 피임을 가르치는지 살펴보면…

성교육 시작하는 법

반드시 가르칠 것들

남자아이 편

여자아이 편

가장 궁금한 Q&A

부모를 위한 성

근데, 우리 딸이 3년만 있으면 중학생!?

금방 이네!!

그쯤에는 알려주는 것이 좋을 듯싶은데

중학생 정도면 피임도 이해할 것 같고

아무래도

나라마다 조금씩 차이가 있지만 서양이 빠른 편…

그렇군요…

으一음

약간 돌아가는 느낌이 들지도 모르겠지만

애정 표현에 관해 이야기하는 것도 좋을 것 같아요

피임 얘기를 하기 전에

우선

애정 표현?

중학생 정도 아이에게 알려주려면

어떻게 말하는 게 좋을까

까딱하면 큰일 난다!!…는 식으로 으름장을 놓기는 싫은데

다른 형태로 전하는 애정 표현에 대해서도 생각해봤으면 합니다

섹스 = 애정·친밀 표현의 최고봉

많은 사람이 이렇게 생각하기 쉬운데

애정 표현이라고 하면

앗 아닌가요…?

151

대화를 한다

학교 장래 취미 세상사

가족 친구 etc...

시선을 교환한다

매우 풍부하고 따뜻한 표현이 많지요

예를 들면 이런 것…

부드럽게 접촉한다
쓰다듬는다
어루만진다
손을 잡는다

자세한 내용은 P175

사춘기에는 성행위에 대한 호기심이 커지잖아요

그건 그런데

에너지도 빵빵하고…

깊은 애정을 느껴서 마음이 충만해지는 것 같아요

확실히… 이런 것들로 인해 서로 이해하게 되고, 차이를 발견하면서

스킨십과 리스닝의 연장선처럼

이렇게 말해보세요

바로 그런 이유로 애정 표현에 대해 언급한 후에

움찔…
나도 그런 적이 있었던 것 같기도 하고…

섹스에 대한 '관심'을 '사랑'으로 착각하기 쉬운 나이기도 하지요

맞아요!!

152

애정 표현은 매우 다양하다…

정확히 알고 피임하는 것이 중요해

임신 가능성이 없도록

그런데도 서로가 섹스를 간절히 원한다면

임신이나 중절은 여자의 몸과 마음에 아주 큰 부담을 주기 때문이지

남녀는 평등하지만 섹스의 결과에 대한 책임은 평등하지 않거든

관계가 나빠지는 일이 실제 아주 많단다

그런 문제가 생기면 두 사람 사이에 실망과 미움, 죄책감이 생겨서

성과 관련된 질병도 신체 구조상 여자 쪽이 훨씬 위험이 크고

154

여기에서는 콘돔과 경구피임약에 대해 다시 확인해보도록 하죠

피임 방법이 여러 가지가 있지만

미신 같은 걸 믿기도 하고요

그런데 의외로 부모도 피임 지식이 어설프기도 합니다

다른 방법이나 원치 않는 임신을 했을 때의 대처법은 P158~에서

일반적으로 많이 이용되는 피임 방법…인데요

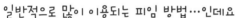

## 콘돔

관계 도중에 끼우거나 잘못 착용하면 피임에 실패하기 때문에 **확실하지 않다**

콘돔을 사용한 상태에서도 15% 정도의 여성이 임신을 합니다

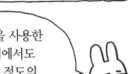

제법 많다!

긴장하면 더 실수하기 쉽지

제품에 이상이 없더라도 말이죠

콘돔의 가장 큰 역할은
## 성 감염증 예방
생명을 위태롭게 하는 감염증도 있다

'경구피임약을 복용했으니 콘돔은 안 해도 괜찮다'는 절대 NG

경구피임약은 피임 효과뿐!!

해외에서는 모형을 이용해 착용하는 방법을 연습하는 수업이 있을 정도로 사용법이 중요

1상자를 연습에 사용해도 좋을 만큼!

여성이 주체가 되는 피임법

## 경구피임약

황체호르몬과
난포호르몬이
함유된 복용약

이 호르몬의 작용으로…

· 다음 배란이 억제된다 배란 안 됨

· 자궁내막이 두꺼워지지 않는다 착상하기 어려움

· 자궁경관 점액의 양이 적어져 점도가 높아진다
  정자의 자궁 진입이 어려워짐

21일간 잊지 않고 먹으면 **99.9%**의 효과가 있다

이런 이유로
임신이
어려워진다

과거엔 성에
적극적인 사람이라는
편견이 있었지만…

여성이 임신으로 인해
진로를 변경하지 않도록,
삶을 스스로 선택할 수 있다

**부작용** → 사람에 따라
기분이 나빠지기도
한다

**부가 효능** → 생리불순이나
여드름 치료
효과도 있다

참고로 네덜란드에서는
경구피임약이 21세까지
보험 적용되어 무료

일부 피임약은
산부인과 처방전이
있어야 구입할 수 있다

월 1만~2만원의
비용

매일
같은 시간에
잊지 않고 먹는다

이런 비용이나 수고,
부작용이 있다는 점을
남성도 잘 알아두어야
합니다

세계적으로는 경구피임약 + 콘돔 등 2가지 이상의
피임법을 병용하도록 권장하고 있습니다

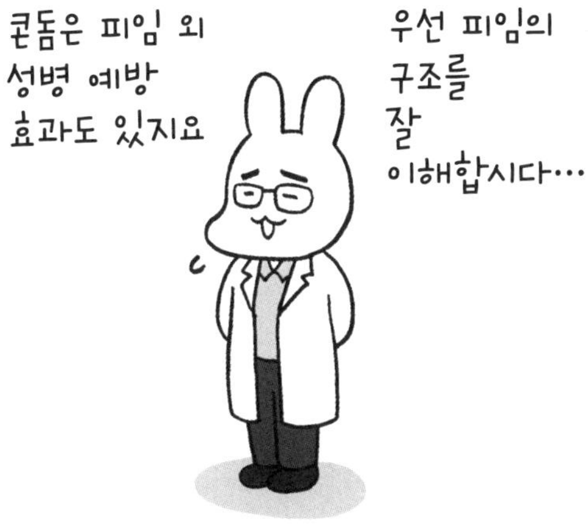
콘돔은 피임 외 성병 예방 효과도 있지요
우선 피임의 구조를 잘 이해합시다…

# 피임을 제대로 가르쳐야
# 후회하지 않는다

## 우선 올바른 피임 지식을 갖출 것

피임에는 다양한 방법이 있지만, 현재 세계적으로 콘돔과 경구피임약 등 2가지 이상의 병용을 표준적인 방법으로 장려하고 있다.

네덜란드에서는 자녀가 중학생일 때부터 외출할 때 콘돔을 소지하도록 하는 가정이 많다고 한다. 우리의 경우 이렇게까지 하기는 현실적으로 어렵지만, 피임 지식만큼은 부모와 아이가 함께 정확히 알아두어야 한다. 콘돔은 남녀 각자가 항상 준비하는 것이 바람직하다. 성인 영상물 등의 잘못된 정보를 그대로 받아들이는 남성이 의외로 많아서 질외 사정으로 어떻게든 되겠지 하는 안일한 태도는 위험천만하다.

항상 정확하게 피임을 실행할 수 있도록 하자.

### 【피임법―직접 알아본다　상대에게 말한다　함께 대처한다】

| | |
|---|---|
| **콘돔** | 남성의 발기한 음경에 장착하여, 정자를 가둔다.<br>슈퍼마켓이나 약국, 통신판매로 구입한다.<br>남성의 협력이 꼭 필요하며, 여성의 의사만으로는 임신을 예방할 수 없는 방법.<br>한국은 현재 OECD 국가 중 콘돔 사용률이 최하위권에 머물고 있다. |
| **경구피임약** | 여성호르몬이 함유된 약을 먹고, 배란 자체를 막아 임신을 예방한다.<br>일반적으로는 약국에서 구입할 수 있지만 일부 의사의 처방이 필요한 경우도 있다. |
| **IUD<br>(자궁 내 피임 기구)** | 자궁 내에 장착하여, 수정란이 자궁내막에 착상하는 것을 막는다.<br>황체호르몬을 자궁 속에 지속적으로 방출하는 미레나 체내 장치 52mg 등. 산부인과 의사에게 시술받는다(출산·중절 경험이 있는 사람 대상). |
| **응급 피임** | 피임 실패 등의 이유로 임신을 피하고 싶을 경우, 72시간 이내라면 황체호르몬을 주성분으로 한 복용약으로 임신을 예방할 수 있다.<br>신체에 미치는 영향이 크기 때문에 의사의 진단과 처방이 필요하다.<br>먼저 산부인과에서 상담을 받을 것. 또 범죄 피해의 경우는 경찰에 신고하면 의료 지원을 받을 수 있다. |
| **질외 사정** | 이것은 피임법이 아니다.<br>발기 상태에서는 사정하지 않아도 정액이 흘러나올 가능성이 있다. |

## 피임에 대한 행동·생각을 통해 서로의 마음을 확인

피임을 하지 않는 이유가 '피임에 대해 직접 언급하는 것이 부끄러워서', '상대가 거절하면 관계가 나빠질까 봐'라는 의견이 지금도 있다는 것은 매우 유감스럽다. 서로가 정말로 상대를 존중한다면 피임에 대해 매우 확고할 것이기 때문이다. 임신은 물론, 아이를 낳아서 길러야 한다는 점을 생각하면 몸과 마음의 부담이 큰 쪽은 여성이다.

교제를 시작하고 임신 가능성이 생기기 전에 '아이를 낳는다'는 것은 '어떻게 기를 것인가'와 직결된다는 점, 그리고 그 일이 두 사람의 생활에 어떤 변화를 가져올지 함께 이야기하고, 나름의 각오를 해두는 것이 중요하다.

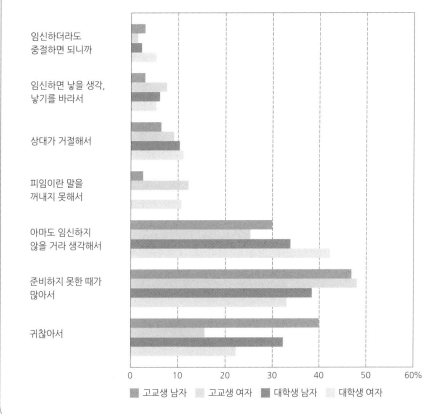

【학교 단계별 & 남녀별, 피임하지 않는 이유】

# 섹스는 언제부터 허용해야 하나요?

성교육 시작하는 법

반드시 가르칠 것들

남자아이 편

여자아이 편

가장 궁금한 Q&A

부모를 위한 성

연령에 관계없이 임신이나 질병에 대한 주의가 전제되어야 하고

그렇죠

결혼하지 않았는데 한다는 것이 죄라고 생각하지 않아요

저는 학생일 때 하는 것이 나쁘다거나

섹스는 단순히 육체나 성욕의 문제만이 아니라

하지만… 이 관계에 대해 우선 생각을 해보길 바랍니다

**사랑** 과 **섹스**

어렵네요…

어릴 때부터 중요 신체 부위로서 지켜온 곳이니까요

앗… 맞아요!!

이기도 하죠

상대에게 프라이버시를 오픈하고, 생명을 맡기는 것과 같은 행위

이 관점에서
보면
저절로
답이
나오리라
생각해요

이 정도라면
말할 수 있겠어!

불행한 일인가

행복한 일인가

그것이
내
아이에게
또한
아이의
상대에게

'좋다'
'나쁘다'가
아니라…

제가
말하고
싶은
것은

GOOD　BAD

그 후로는
아이가
결정
하도록
한다

엄마는 저쪽이
좋다고 생각한다

난
이쪽이
좋아

부모의
생각을
전달한
다음

범죄 외에는

앞질러
생각하고
선택해
버리곤
하지만…

내 아이가
실패하지
않도록!!

부모는 자칫 모든 일에

저 길로
가야 해!!

행복해지는
힘을 기르는 데
부모의 '지지'하는
자세가
중요합니다

이번에는
이쪽

응원한다

지지하고

불안하지만
지지하고

설령
그것이
원치 않는
임신이라고
해도요

이때 행위는
비판하더라도 인격을
부정하지는 말 것

그 선택이
실패하더라도
수용해주는 것이
바로
부모의
역할입니다

# 6장

## 부모를 위한
## 성 이야기

제 24 화

## '3가지' 성행위

166

성교육 시작하는 법

반드시 가르칠 것들

남자아이 편

여자아이 편

가장 궁금한 Q&A

부모를 위한 성

갑작스럽지만

섹스란 건

성범죄나 원치 않는 임신과 같은 '위험'한 측면으로도 언급되고 있잖아요

한데 묶을 수 없다

DANGER

'애정'이라든지 '아름다운 것'이라 말하면서도 한편으로는…

LOVE

오히려

성행위에는 크게 나누어 3가지 종류가 있는데요…

한데 묶는 것이 불가능하지요

설명하자면

그러니 아이에게 어떻게 얘기해주면 좋을지 고민스러워요~

우물쭈물하게 되지~

좋은 것? 나쁜 것?

종류 1

아이를 갖기 위해 (생식의 성)

낳는 성 (여자의 성) 만을 학습해 왔어요

성교육에서는 오랫동안 이 부분에 큰 가치를 두고

자손을 남기기 위한 성행위죠

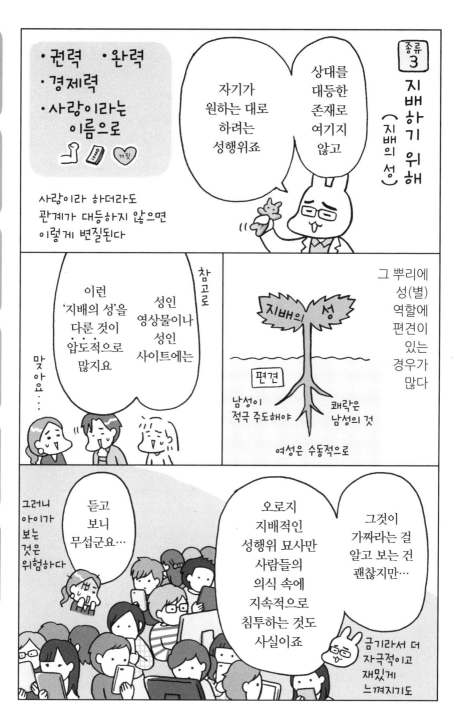

성(性) 역할의 편견…

그런 의식은 꼭 바뀌어야 할 것 같아요…

이제는 정말 그만…

소녀 감성의 만화에도 강압적인 남자가 꼭 나오고

꺅

나 좀 보라고!!

확실히 지금까지 뿌리가 깊어요

연애는 남자가 리드해야 한다는 식의 고정관념이

현실이라면 공포스럽지만…

나머지 2종류에 대해서도 알려주면 좋겠어요

아이의 성장과 상황을 보면서

기본적인 지식을 알려준 후에

아이에게는 우선 생식의 성에 대해

그렇게 일상 대화 속에서 알려주면 좋겠습니다

그래요

그리고

성범죄 뉴스도요

TV 베드신 같은 것이 좋은 기회가 되겠네요

그거야말로 어색해지기 쉬운

아

# 자위행위, 남녀 모두에게 중요하다

앞에서 선생님이 마스터베이션의 매너에 대해 말씀해주셨는데요…

아이에게 마스터베이션 이야기를 꺼내려니…

부끄러워요!!

아무래도 **힘들** 것 같아요~

참고로 저는 마스터베이션을

◇ **셀프 플레저**— ◇

…라고 합니다

네

'안 좋은 것'으로 생각하는 사람이 대부분이기 때문이죠

그럴 거예요

마스터베이션은 '손으로 더럽히다'라는 뜻의 라틴어에서 유래해 좋은 의미는 아니에요

자위를 뜻하는 오나니라는 독일어도 구약성서의 유다 아들 오난에 관한 기술에서 유래. 본래는 중절 성교·질외 사정이라는 의미

부정적 이미지를 지우고 싶어서 이런 표현을 쓰고 있죠

음~

참고로 셀프 플레저의 의미는 '자기 쾌락' '자기 성애'

셀프 플레저의 장점은 바로 이런 것들이 아닐까요

오히려

장점이 더 많다고 할 수 있죠

넷!?

그렇다고 그 자체가 떳떳하지 못한 것도, 나쁜 것도 전혀 아니랍니다

장점 1
성 욕구가 높아졌을 때 스스로 해소할 수 있다

모락

모락

그것을 어떻게 표출할지, 해소할지는 자신의 의지로 조절할 수 있다

성적 욕구가 생기는 것 자체는 조절할 수 없지만

성욕은 심리적 요인과 그에 따른 호르몬 작용으로 일어난다

이런 발상은 생각지도 못했다…

성욕을 스스로 관리…

성욕을 스스로 관리한다는 것은 성인이 되었다는 의미기도 하죠

그 방법 중 하나가 셀프 플레저다

시원해

개운해

부모에게서 벗어나 자립 의식이 강해집니다

성적 자아를 발견함으로써 정체성이 확립되고

남녀 모두에게 이런 장점이 있다

장점 3
자립심을 키운다

장점 2
자신의 성적 감각
(반응 감수성)이나 몸에
대한 애착을 확인할
수 있다 → 셀프 케어

매너가 중요

그렇다고 아무 데서나 해도 좋다는 게 아니라

그렇죠!

이미지가 달라졌네요...

살짝

실제로 좋은 것입니다

아니 아니

아주 좋은 일처럼 느껴지네요

한 사람의 인간으로 서기 위한

왠지...

자신의 성을 발견하고 즐기는 일은 의미가 있기 때문이죠

이 2가지를 지킨다면 하루 몇 번이라도 괜찮다

단, 타인에게 보이거나 억지로 강요하는 것은 폭력

상세 내용은 P140에

셀프 플레저
매너

① 남이 볼 수 없는 곳에서 한다

② 강하게 자극하지 않는다

# 제 26 화

# 섹스와 '성적 교류'의 차이

성적 친밀감을
나타내는 카드
(성적 교류)

다양한
'성적 교류'의
선택 사항 중
하나임을
알아주세요

섹스의
삽입이
최고라든지
유일한
것은
아니며

두 사람의
친밀감을
표현하는
'성적 교류'
에서

삽입 말고도
스킨십이나 말로 하는
다양한 커뮤니케이션을

옛날식으로 말하면
'전희'라고 해서 '성행위'를
위한 전초적 단계로
취급했는데

애정 표현이 목적이라면

그렇지
않아요

삽입도
오르가슴도
없다면
하는 의미가
없지 않나요?

엇, 하지만

여성도
만족하지
않잖아요?

이 정도로
끝나도 좋고
이것만으로도
충분히
애정을
표현할 수
있다

밀착

포옹이나 키스

그때
두 사람의
관계나 상황,
기분에
맞추어

이
하나하나가
성적 교류로서
매우
소중하답니다

175

성교육 시작하는 법

반드시 가르칠 것들

남자아이 편

여자아이 편

가장 궁금한 Q&A

부모를 위한 성

제 27 화

# 성은 생각보다 더 다양하고 풍부하다

네덜란드 벨기에 스페인 캐나다
남아프리카공화국 노르웨이 스웨덴
포르투갈 아이슬란드 아르헨티나
덴마크 브라질 프랑스 우루과이
뉴질랜드 영국 룩셈부르크 미국
아일랜드 콜롬비아 핀란드 몰타
독일 오스트레일리아 오스트리아
대만 에콰도르…

※2019년 통계

동성혼 제도가 있는 나라가 30개국 가까이※ 있더군요

얼마 전… 좀 궁금해서 알아봤더니

종교상의 이유로 동성혼이 위법인 나라도 있다

차별과 편견은 없애야 해!! 생각은 하지만

LGBT란 말도 익숙해졌고

최근 성적 지향, 성별 정체성 등 포괄적 내용의 차별 금지 법안도 발의되었고

아시아에서는 대만도!!

네덜란드는 물론이고…

오~

네

그렇죠

물론

내 아이를 포함해서 주변에 있는 것이 당연…한 거잖아요?

하지만

한 학년에 몇 명 정도는

의도치 않게 잘못된 말을 할까 두렵고…

정확한 지식이 없으니

나도 그래요~

그래서 피해버리는 것이 현실…

언어폭력

복잡하게
얽혀
형성되어
있다

**성**

몸의 성

성(별)역할

성적지향

마음의 성

등

'성'은 이런 4가지 요소가

기본적인 상식을 알아볼까요

그럼 우선

제1보

이때 분명하게 남성기와 여성기로 나뉘지 않고 중간 형태를 띠는 경우도 있어요

**'성기'는**

태아 12~16주경에 남녀로 분화한다

성별을 결정하는 유전자나 테스토스테론 (남성호르몬)의 작용에 따라

성기의 성을 말합니다

① **몸의 성**

하나씩 설명하면

생물학적 성의 차이 혹은 sex라 부른다

뇌도 성 분화하는군요

뇌의 성 분화는 임신 후반부터 생후 남성호르몬 분비량 등에 영향을 받아요

**'뇌'는**

임신 후반기부터 남자 뇌와 여자 뇌로 분화한다

아

178

성교육 시작하는 법

반드시 가르칠 것들

남자아이 편

여자아이 편

가장 궁금한 Q&A

부모를 위한 성

받아들이는 느낌도 달라져요

이런 내용을 알게 되면 이전과 사물을 보는 눈이 달라질 듯해요

와~

둘 중 어느 한쪽이어야 한다고 말이죠

솔직히 지금까지 남녀 어느 한쪽으로 정해진다고 생각했어요

그렇구나...

관련 용어

L 레즈비언
여성 동성애자

G 게이
남성 동성애자

B 바이섹슈얼
양성애자

이성애자는 헤테로섹슈얼이라고 한다

애초에 연애 감정이나 성적 욕구가 없는 경우 (무성애)도 포함되죠

연애 감정이나 성적 욕구를 느끼는 상대가 어느 성별인가 하는 것

③ 성적 지향

시대에 따라 받아들이는 인식도 달라졌군요

하아~

일본
(에도시대까지)

일반 사회는 물론 무가나 승려의 세계에서는 보편적인 풍습이었다

고대 그리스

남녀 모두에게 동성애가 당연시되었다

동성애나 양성애는 현재 소수자로 분류되고 있지만

④ 성(별) 역할

선천적으로 정해진 것이 아니라 그 사회나 문화에 따라 배우고 익혀가는 역할을 말합니다

젠더 라고도 불려요

젠더…

이 말도 최근 자주 듣는다

남자다움·여자다움의 일반적인 이미지 속에도 이것이 있는데요

〈 일반적 이미지 예 〉

늠름하다 강하다 거칠다
활동적 결단력이 있다
시원스럽다
용기가 있다
포용력이 있다

남자다움

상냥하다 수동적이다 약하다
세세한 부분까지 신경 쓴다
잘 보살핀다
감정적
질투가 많다
잘 운다

여자다움

'거칠다'조차 긍정적인 이미지로 사용되고

격려의 이미지가 들어 있으니 오히려 거부하기 어렵지요

남자다움에는 억압보다

좋은 것만 있잖아?

남자다움

여자다움은 질투가 많다거나 약하다 같은 부정적 이미지를 강요하는 느낌이 들어 불편하네요

철이
들기 전부터
'-다움'을
요구받고

그리
말씀하시니…
맞는
듯하네요

저조차
다르거든요

'남자다워'
보이는데도

거의
없지
않을까요

하지만
이런
'남자다움'의
자질을
모두 갖춘
남성은

이렇게
느끼며
고민하게
된다

어?
나 좀
여자답지
않은
건가

미처
생각
못했다!!

땡
큐ー

이런 건
남자답지
않은
건가

단추
떨어졌네.
꿰매서
달아줄게~

스스로도
'-다워야 한다'고
생각하면

안 돼…
바로잡아야
해!!

콤플렉스를
느끼고
거기에
얽매이는
경향이
있어요

'이래야만
해' 하는
마음이
강할수록

지금
이대로의
나는
안 돼

매우
괴롭지요

야성 같은 거
없어!!
이게
나란 말야

대개는
사춘기에
이런
'-다움에
대한 기대'에
부응하기
어렵다는 걸
깨닫지만

성교육 시작하는 법

반드시 가르칠 것들

남자아이 편

여자아이 편

가장 궁금한 Q&A

부모를 위한 성

다시금
깨닫게
될 겁니다

공부를
하다 보면
부모와 자식은
분신도 한 몸도
아닌 독립된
인간이라는 걸

부모     자식

성 정체성에
관한 책을
읽는다

그러니
우선 부모는
자신이 가진
편견이나 오해를
없애기 위해
공부를 시작하는
것이 좋겠습니다

내가 아이의
성 감각을
모르는 것은
당연하고

아는
척하지
않아도
된다

자신의 성을
받아들이는
방식이나

어떤 성을
좋아하는지·
좋아하지
않는지도

알고
싶지만

내 아이지만
다른 사람…
타자…
생각도 감각도
전혀 다르구나

…
다만

거짓이
되겠지

아이가
편안하게 기댈
마음의 안식처가
되고 싶다

나는
아이가 가진
성 감각을
있는 그대로
존중해주고

성교육 시작하는 법

반드시 가르칠 것들

남자아이 편

여자아이 편

가장 궁금한 Q&A

부모를 위한 성

187

당사자 모임

상담

다음은 이런 마음을 이야기할 수 있는 곳에 연결해주는 것도 부모가 할 수 있는 일이에요

아이가 항상 자기답게 살 수 있도록

아니 그거야말로 정말 중요 하답니다!!

'난 네 편이야'라는 메시지를 보내는 정도군요

부모가 주로 할 수 있는 것이

그렇군요…

아이에게 절대적인 한편이 되어주세요

부모는 언제든

무슨 일이 있더라도

부모는 아이를 지키기 위해… 머지않아 자신의 힘으로 살아갈 수 있도록 성을 가르칩니다

아이는 자신의 몸과 마음, 부모와 연결 고리를 확인하기 위해 성을 궁금해하고

자신과 상대의 몸과 마음을 소중히 생각하며 살아가는 새로운 시대를

그런 개인과 개인이 만나서

앞으로 만들어나가길 바랍니다

end

# 마치며

지금까지 읽어주셔서 감사합니다. '성교육'이라는 제목이 쓰인 책을 손에 들기까지 많이 주저하신 분도 꽤 있으셨으리라 생각합니다.

저는 예전에 성교육에 대해 '잘 모르니까 알고 싶다'고 생각하면서도, 동시에 '그런 걸 배운다고 아이에게 가르칠 수 있을까…' 하는 거부감과 불안한 마음도 있었습니다.

그러던 어느 날 무라세 선생님의 강연을 듣고는 '성교육이 내가 생각한 거랑 다르고 너무나 재미있는 것이구나…' 하고 충격을 받았습니다. 그날 번개에 맞은 듯, 문이 활짝 열린 듯한 느낌을 잊을 수가 없습니다. 이런 깨달음을 알리고 싶어서 책을 만들기 시작했습니다.

"요즘 성교육 책을 만들고 있어요."

아이가 있는 지인들에게 이렇게 말하면 대부분은 조금 당황한 얼굴로 "아, 예…. 성교육은 필요하다고 하더라고요"라든가, "우아~ 성교육…, 가능하면 안 하고 싶은데 아무래도 해야겠지요"와 같은 반응이 돌아왔습니다.

많은 사람에게 성교육은 '필요하지만, 가능한 한 외면하고 싶은 것이구나'라는 사실을 절실히 느꼈습니다.

그래서 더더욱 그런 어른들이 '우앗, 난 못해!'라는 거부감을 느끼지 않고 읽을 수 있고, '아~ 그런 거였구나'라는 깨달음을 얻을 수 있는 책을 목표로 삼았습니다. 입문서 같아 보이지만 꽤 깊이 있는 내용도 다루었습니다. 제가 경험한 '성교육은 재미있다!'는 느낌이 그대로 전해진다면 기쁘겠습니다.

이 책을 쓰면서 많은 분과 힘을 모았습니다.

다양한 에피소드, 속마음을 들려주신 엄마와 아빠들. 꺼내 보기 쉽고 책꽂이에 잘 어울리게 만들어주신 많은 분, 일일이 여기 다 적을 수는 없지만 관여해주신 모든 분께 정말 감사드립니다.

폭넓은 지식과 축적된 경험을 갖고 계시며, 따뜻하고 인간미 넘치는 시선으로 성을 가르쳐주신 공동 저자 무라세 유키히로 선생님. 선생님과 대화할 때마다 심장이 떨리고, 눈이 번쩍 뜨였습니다. 존경하는 선생님을 토끼 캐릭터로 묘사하기가 주저되었지만 흔쾌히 허락해주신 유연함에 감동했습니다. 함께 이 책을 만들어주셔서 행복하고, 감사합니다.

마지막으로 이 책을 구입해주신 모든 분께도 마음으로 감사드립니다. 모든 것을 다 아우를 수 없어도, 완벽하지 않아도, 가능한 것부터 조금씩. 이렇게 켜켜이 쌓인 결과물이 아이뿐 아니라 우리 어른들의 미래도 새롭게 열어주리라 믿습니다.

**후쿠치 마미**

## 감사의 말

　"아이의 성교육은 누가 맡아야 할까요"라고 물으면 대부분의 부모는 "그건 학교에서"라고 대답하고, 선생님들은 "당연히 가정이지요"라고 말합니다. 하지만 지금 많은 나라에서는 '학교와 가정'이 함께 힘을 모으는 추세입니다. 우리도 서로 책임을 미루지 않고 양쪽이 함께 연대하며 머리를 맞대는 시대가 되었습니다. 그만큼 아이들을 둘러싼 성 환경이 감당하기 어렵고 위험해졌기 때문입니다.

　그러나 성교육의 필요성은 이해하면서도 선뜻 나서지 못하는 것이 현실입니다. 그 이유는 첫째, 성에 대해서 가르치자니 어디서부터 시작해야 좋을지, 본인도 제대로 배워본 적이 없기 때문입니다. '성'이라고 하면 바로 성교라든가 성기와 같은 것만 떠올라 '도저히 그런 말은 입에 담지 못하겠다, 부끄러워서'라며 주춤해버리고 맙니다.

　그래서 《집에서 성교육 시작합니다》에서는 "아이에게 무엇을 어떻게 말할 것인가"라는 질문에 병행해 부모로서, 인간으로서 새롭게 성을 '재학습한다'는 입장을 견지했습니다. 그 내용 중에는 '입에 담는 것도 부끄럽다'고 여겨온 성교라든가 성기에 대해서도 정면으로 다루었습니다. 왜냐하면 어른으로서 충분히 생각하고, 분명하게 말할 수 있는 힘을 키우기를 바랐기 때문입니다. 물론 지금 당장은 아니라고 해도요.

　성은 인간으로 살아가는 생명의 근원에 관한 주제이며, 사람과 사람을 결합시켜 행복한 인생을 사는 데 빠질 수 없는 테마입니다. 그런 주제를 속되고, 외설스럽고, 가치 없는 것으로 치부할 것인지, 어렵지만 매력적이며 다루어볼 가치가 있는 주제로 볼 것인지는 그 사람의 인생에 지대한 영향을 미치는 과제입니다.

바야흐로 성교육은 학교는 물론 가정에서도 머리를 맞대고 대응해야 하는 시대입니다. 학교에서는 커리큘럼에 따라 각 학년에 맞는 글이나 그림 등을 이용해 정해진 내용을 배웁니다. 이에 비해 가정에서는 의문스러워하는 아이의 질문에 답하거나, 아이의 행동이나 몸의 변화를 봐가면서 조언하는 등의 교육을 합니다. 그뿐 아니라 가정에서 하는 교육에 큰 의미를 두는 이유는 부모와 가족의 일상 행동, 관계의 방식이 끼치는 영향 때문입니다. 왜냐하면 아이가 학교에서 보내는 시간 못지않게 가정에서 보내는 시간이 길기 때문입니다.

그 긴 시간, 가정에 공기처럼 감도는 분위기가 중요합니다. 아이에게 쏠리는 시선, 주고받는 언어, 음성, 신체 접촉 방식, 어른과의 관계 방식, 몸짓, 미소의 유무, 때때로 포옹…. 이런 일상의 모습이 아이의 인간관·가치관·성에 대한 생각이나 느낌에 영향을 미칩니다. 즉 가정에서의 성교육이란 이런 것의 총합이자 총체라고 해도 좋을 것입니다.

이런 식으로 새롭게 '성'을 다시 공부하고, 아이가 행복하게 살아가는 데 어떤 도움을 줄 수 있을까 고민하는 과정에서 이를 위한 자료, 참고서, 텍스트의 하나로서 《집에서 성교육 시작합니다》가 도움이 된다면 저자의 한 사람으로서 더없이 기쁠 것입니다.

**무라세 유키히로**

당황하지 않고 몸·SEX·성범죄 예방법을 알려준다

# 집에서 성교육 시작합니다

**초판 2쇄 발행**  2023년 6월 20일

**지은이**  후쿠치 마미, 무라세 유키히로
**옮긴이**  왕언경
**펴낸이**  명혜정
**펴낸곳**  도서출판 이아소
**디자인**  레프트로드

**등록번호**  제311-2004-00014호
**등록일자**  2004년 4월 22일
**주소**  04002 서울시 마포구 월드컵북로5나길 18 1012호
**전화**  (02)337-0446  **팩스**  (02)337-0402

책값은 뒤표지에 있습니다.
**ISBN** 979-11-87113-48-5  13590

도서출판 이아소는 독자 여러분의 의견을 소중하게 생각합니다.
E-mail: iasobook@gmail.com